엔지니어
히어로즈

꿈을 성공으로 이끈
창의적인 엔지니어 스토리

엔지니어
히어로즈

권오상 지음

청어람미디어

이 책의 내용은 금융감독원의 공식적인 견해와 무관하며,
저자의 개인적인 견해에 불과함을 분명히 밝힙니다.

1) 이 책에 나오는 외국의 인명 및 지명 등은 현지 발음을 최대한 반영하여 기재하였습니다. 가령 일본의 수
   도 동경(東京)을 도쿄, 중국의 수도 북경(北京)을 베이징으로 나타낸 것이 그 예입니다. 다만, 그 의미를
   나타내는 데 도움이 되는 경우에는 외국어 그대로 우리말로 읽기도 하였습니다. 가령 공식 영어로 Beijing
   Dance Academy인 북경무도학원(北京舞蹈学院)은 베이징무도학원으로 지칭하였습니다.
2) 비교의 용이함과 이해의 편의를 위해 외국 돈을 우리 돈으로 환산할 때 다음과 같은 단순한 비율을 사용
   하였습니다. 미 1달러와 1유로는 각각 1,000원, 영국 1파운드는 1,600원, 1위안은 180원, 그리고 1엔은 10
   원으로 가정하였습니다

엔지니어 히어로즈

1판 1쇄 찍은날 2016년 12월 17일
1판 5쇄 펴낸날 2020년 9월 18일

글 권오상
펴낸이 정종호
펴낸곳 (주)청어람미디어

책임편집 윤정원 | 디자인 이원우
마케팅 황효선 | 제작 · 관리 정수진
인쇄 · 제본 (주)에스제이피앤비

등록 1998년 12월 8일 제22-1469호
주소 03908 서울 마포구 월드컵북로 375 402호
전화 02-3143-4006~8 | 팩스 02-3143-4003
블로그 http://chungarammedia.com

ISBN 979-11-5871-041-5 03500
잘못된 책은 구입하신 서점에서 바꾸어 드립니다.
값은 뒤표지에 있습니다.

이 도서의 국립중앙도서관 출판시도서목록(CIP)은 e-CIP 홈페이지(http://www.nl.go.kr/ecip)와
국가자료공동목록시스템(http://www.nl.go.kr/kolisnet)에서 이용하실 수 있습니다.
(CIP제어번호 : CIP2016029969)

사랑하는 아내 윤경에게

목차

3부 꼭 쿨한 회사의 오너가 돼야만 하는 건 아니야

들어가는 말

인류의 역사란 무엇의 역사일까? 각자의 배경에 따라 저마다의 대답
이 있을 테다. 여기 그중 한 사람의 대답을 들어보자.

"(인류의) 시대 구분은 엔지니어링에 의해 정해졌습니다. 석기시대는
도구를 만들기 위해 손으로 돌을 깎아내던 시대였고, 청동기시대는
무기, 도구, 공예품을 주조하기 위해 구리와 주석을 제련하던 시대
였으며, 철기시대는 농기구와 도구를 만들어내기 위해 철을 담금질
하고 구부리던 시대였죠. 게다가 오늘날의 실리콘시대는 전자산업의
기본적 재료를 그 이름으로 삼았고요."

캘리포니아 버클리 대학교의 기계공학 교수를 거쳐 현재 미국의 국
립 엔지니어링 아카데미(National Academy of Engineering)의 회장인 댄 모
트 2세의 대답이다. 혹시라도 오해가 있을까 봐 분명히 하자면, 이러한 시
대 구분은 엔지니어들이 정한 것이 아니라 역사학자들이 정했다. 엔지니
어들은 그러한 시대를 구현해낸 장본인일 뿐이다.
　　그리고 한 가지 더. 엔지니어들은 스스로 완벽하다고 주장할 만큼 오
만하지 않다. 그 자신이 훌륭한 엔지니어인 모트 2세 역시 다음과 같이 말
했다.

"엔지니어링과 무관한 시대도 있긴 하죠. 빙하 시대는 엔지니어들이 만든 건 아니니까요."

엔지니어링과 테크놀로지가 우리 인류에게 가져다준 혜택은 실로 셀 수 없이 많다. 우리를 둘러싸고 있는 모든 문명의 이기들이 이의 직접적인 결과다. 먹고, 입고, 자는 기본적인 것부터, 더위와 추위를 견딜 수 있는 것, 먼 거리를 짧은 시간 내에 갈 수 있는 것, 그리고 손바닥보다 작은 기기로 전 세계와 연결되어 있는 것 등 다 일일이 열거하려고 들다가는 모든 지면을 허비하게 될 테다.

엔지니어링의 영향은 비단 공업과 제조업 분야에만 한정되는 것이 아니다. 전혀 관련이 없을 것만 같은 금융계도 예외일 수 없다. 미국의 중앙은행인 연방준비제도와 미국 경제회복자문위원회 의장을 지낸 폴 볼커는 지난 수십 년간 이뤄진 금융 혁신 중 사회적으로 유용한 것은 현금자동인출기뿐이라고 했다. 엔지니어가 만들어낸 현금자동인출기마저 없었다면 고작 금융위기나 주기적으로 만들어내는 금융계는 정말 부끄러웠으리라.

역사적으로 우리에게도 실용적인 엔지니어링의 전통이 없지는 않다. 고구려의 기병대가 입었다는 철제 갑옷은 얇고 가벼우면서도 거의 모든 화살을 튕겨낼 정도의 강도를 지녔다. 제련과 단조의 테크놀로지가 당대 최고 수준이었음을 짐작할 수 있다. 특수 재료를 수입해 만들었다는 고구려 단궁의 사거리는 그로부터 무려 약 천 년 후에 나온 영국 장궁의 그것을 능가한다. 고려 때는 화약과 화포를 독자 개발해서 남쪽에서 우리나라를 집적거리던 왜를 제대로 손봐주었다.

그런데 조선이 들어서면서 지리멸렬해졌다. 이유는 단순했다. 실용적인 것을 천하다고 여긴 당대의 지배계급 때문이었다. 편협한 이념과 사변적 논쟁을 위해서라면 모든 걸 희생할 각오가 되어 있는 이들이었다. 그들은 백성들이 굶주리고 외적이 쳐들어와도 중국의 오래된 책들을 어떻게 해석할 것인가만을 놓고 말싸움하며 권력을 다퉜다. 과거만 있을 뿐, 현재는 중요하지 않았다. 미래는 아예 생각조차 해본 적도 없었다. 결국 일본에게 나라를 빼앗기고 30년 넘게 그들의 지배 아래서 신음해야 했다.

그래도 우리 유전자 속에 뿌리박힌 엔지니어링의 저력이 완전히 사라진 건 아니었다. 1960년만 해도 우리나라는 전 세계에서 가장 가난한 나라에 속했다. 하지만 50여 년이 지난 지금 우리는 세계 10위권의 경제력을 가진 나라로 성장했다. 전 세계를 누비는 삼성전자나 현대자동차와 같은 세계적 기업도 생겨났다. 규모나 지명도가 이에 못 미치지만 실력 있는 무수히 많은 중소기업도 우리나라의 성장에 기여해왔다. 그 덕에 오늘날 끼니를 걱정하는 사람은 드물다. 물론 빈부격차가 심해졌고 문제가 없지는 않지만 예전에 비할 것은 못 된다.

적어도 한 가지는 확실하다. 이만큼 살게 된 것이 성리학의 후예들 덕분은 아니라는 점이다. 그들이 어디로 간 건 아니었다. 늘 어디선가 뒷다리를 잡았다. 그럼에도 불구하고, 이 정도의 성장을 이뤘다는 게 실로 놀랍다. 이는 거의 오롯이 엔지니어들의 공이다. 혹은 엔지니어링의 실용적인 태도로 문제를 해결해온 우리 선배들의 공이다.

물론 저절로 이렇게 된 것은 아니었다. 그때는 나라의 인재들이 공대를 택했다. 엔지니어가 되는 것은 예전에도 경제적으로 수지가 맞는 일은 아니었다. 하지만 자부심이 있었다. 부강한 나라를 만드는 데 일조한다는 사명감이 있었다. 다른 나라의 인재들과 선의의 경쟁을 벌여보겠다는 의기도 있었다. 사회적으로도 인정과 응원이 뒷받침됐다.

그러다 한순간에 뒤집어져 버렸다. IMF 위기를 거치면서 나 하나만 편히 먹고살면 그만인 시대가 도래했다. 성적이 좋은 학생들은 돈 많이 벌 수 있다는 의대와 경영대로 몰려갔다. 엔지니어가 되겠다는 꿈을 부러워하는 사람은 없었다. 그건 특출할 게 없는 사람들이나 택하는 진로가 됐다.

그럼에도 불구하고, 지난 10여 년간 성장을 지속해왔다. 입력은 신통치 않았는데 출력이 나쁘지 않은 수수께끼 같은 일이 벌어진 것이다. 새로운 성장 공식을 찾은 건 아니었다. 의대나 경영대 졸업생들은 국내에서 상대적 부를 획득했을 뿐, 나라 전체의 절대적 부를 늘릴 재주는 없었다. 성장의 수수께끼는 별 게 아니었다. 일종의 관성 효과였다. 앞으로 나가게 하는 힘이 사라져도 얼마간은 계속 전진할 수 있다. 적지 않은 수가 정리됐지만 뼈대를 받치던 사람들이 기업에 남아 있던 덕분이었다.

그렇지만 젊은 피의 수혈은 멈췄다. 좋은 인재가 더 이상 들어오지 않았다. 현장에 있는 내 또래들은 "젊은 애들이 의욕과 패기가 없어서 큰일 났다."라고 이구동성으로 외쳤다. 뻔한 정답을 외우기만 할 줄 알 뿐, 도전을 겁냈다. 기업들은 신규 고용을 주저했다. 내가 예전에 일했던 회사의 연구개발부서에서는 현재 50대 초반이 막내 노릇을 하고 있다. 그 밑으로 아무도 없기 때문이다. 직원 수를 제한해 비용을 줄임으로써 시장이 원하는 목표이익을 맞췄다. 기업들은 기존 직원들의 몸과 마음을 최대로 쥐어짜는 방법을 알려준다는 경영컨설턴트와 재무적 기법으로 주가를 올려준다는 투자은행가들의 감언이설에 귀를 기울였다. 입에 단 처방만을 쫓아다녔다. 그렇게 시간이 흘렀다.

결국 올 것이 오고야 말았다. 성장은 멈춰버렸다. 제조업은 이제 사양산업이니 서비스업에 미래가 있다는 수많은 경제학자들의 조언대로 했음에도 불구하고 말이다. 제조업과 유리된 고부가가치의 서비스업은 설자리가 없다는 것을 그들은 몰랐다. 마치 남성의 평균 임금이 여성보다 높으니 전 국민을 남자로 만들면 국민소득이 올라간다는 식의 조언이었던 것이다. 엔지니어링이 여전히 중요하다고 목소리를 내는 사람은 극소수였다.

엔지니어들은 원래 책을 쓰는 사람들이 아니다. 그들에게는 백 마디 말보다 한 번의 행동이 중요하다. 책을 쓴다는 행위는 본질적으로 엔지니어들의 세계관과 부합되지 않는다. 그럴 시간 있으면 뭔가 쓸모 있는 걸 하나라도 더 개발하려 드는 것이 더 가치 있다고 생각한다. 그 결과 엔지니어들의 세계와 그들의 머릿속을 들여다볼 수 있는 책은 극히 드물다. 과학 교양서는 있을지 몰라도 엔지니어링이나 테크놀로지에 대한 교양서는 희귀하기가 천연기념물 저리 가라다.

엔지니어링 교육을 받은 사람들 중에선 공대 교수들이 제일 말이 많은 편이다. 교수들이란 원래 말이 많은 사람들이다. 하지만 공대 교수들은 교수 이전에 원래 엔지니어다. 전공서적이 아니고서는 대중을 대상으로 책을 쓸 생각을 웬만해서는 하지 않는다. 그런데 그런 그들이 모여 2015년에 『축적의 시간』이라는 책을 냈다. 우리 산업의 미래가 정말로 심각하다고 생각했기 때문일 것이다.

2016년 3월에는 모두의 관심을 끈 이벤트가 있었다. 이세돌과 알파고와의 바둑 대결이었다. 그리고 믿기 힘든 결과가 벌어졌다. 현존 세계 최고 바둑기사 중의 한 명인 이세돌이 인공지능인 알파고에게 4대 1로 무릎을 꿇고 말았다. 온 나라가 깊은 충격에 빠졌다. 세상이 무너진 것처럼 호들갑을 떨어댔다.

그런데 더 놀라운 사실이 있다. 바둑을 두는 나라인 우리나라와 중국 정도에서만 흥분했을 뿐, 이세돌과 알파고의 대국 결과에 세계 각국이 별다른 관심을 보이지 않았다는 점이다. 미국 같은 나라의 언론은 으레 일어날 만한 일이 일어났다고 보고 별로 기사로 다루지도 않았다. 이런 게임에서 사람이 인공지능을 당할 수 없다는 건 이미 약 20년 전에 입증된 사실이다. 1997년 IBM의 인공지능 컴퓨터 딥 블루는 세계 체스 최고수 게리 카스파로프를 3.5대 2.5로 꺾었다. 이후로도 그들은 쉬지 않고 그러한 테크놀로지를 발전시켜왔다.

구글은 실로 무서운 회사다. 알파고가 이긴다고 판단했기에 이런 이벤트를 제안했을 것이다. 우리는 세계 최고수 중의 한 명인 이세돌이 낙승을 거둘 것이라는 낭만적인, 하지만 시대착오적인 환상에 빠져 있었다. 마치 정신만 똑바로 차리면 서구의 군함 따위는 일격에 물리칠 수 있다고 생각했던 19세기 후반처럼 말이다. 우리가 받은 충격이 너무 뒤늦은 것이었을 수도 있다는 얘기다, 마치 냄비 속의 개구리처럼.

나는 오랫동안 엔지니어에 대한 사회적 인식이 바뀌어야 한다는 주장을 해왔다. 그리고 엔지니어들 스스로 자신의 일에 대한 자긍심을 갖기를 희망해왔다. 내가 이 책을 쓰기로 결심한 이유가 바로 위의 두 가지다. 엔지니어에 대한 우리 사회의 일반적 인식은 잘 봐줘야 무관심한 쪽이고 못 봐주면 부정적인 쪽이다. 두꺼운 안경에 말주변이 부족하고 지루한 남자, 그게 엔지니어의 전형적인 이미지다. 엔지니어가 된다고 하면 남 밑에서 시키는 일이나 하는 사람으로 생각하곤 한다. 총체적으로 잘못된 이미지다.

그래서 엔지니어가 되고 싶어도 선뜻 용기를 내기가 쉽지 않다. 그 일이 충분히 흥미롭고 보람될 거라고 짐작이 가더라도 주위의 만류가 마음에 걸린다. 한마디로 엔지니어의 본모습이 잘못 이해되고 있는 것이다. 뜨거운 가슴으로 무언가 새로운 걸 만들어내고, 차가운 두뇌로 해결책을 찾아나가는 엔지니어의 삶은 다양한 감정적 충족감과 무관하지 않다. 오히려 그런 과정을 통해 인간으로서의 존재적 기쁨과 충만감에 이르게 된다.

그리고 엔지니어의 사회적 지위를 얘기하는데, 한마디로 몰라서 하는 소리다. 진짜 엔지니어들의 성공한 모습은 못 본 척하면서 평범하고 별 볼 일 없는 이미지만 사회적으로 끊임없이 재생산하고 있다. 엔지니어들은 기술적 문제 외에는 아는 게 없다는 식의 선전이 난무한다. 그렇게 엔지니어들이 스스로를 별 볼 일 없는 존재라고 인식해야 부려먹기 쉽다고 생각하는 이들이 있어서다.

　이러한 벽을 깨는 유일한 방법은 엔지니어 영웅을 사회적으로 많이 만들어내는 것일지도 모른다는 생각을 나는 오랫동안 해왔다. 누가 시키는 대로 일하는 직원이 아니라 스스로의 선택에 의해 한 세상의 주인이 된 그런 멋진 엔지니어들이 세상에는 너무나 많다. 한 개인이 정말로 큰 돈을 벌고 싶다면 엔지니어링을 공부해서 창업하고 자신의 회사를 키우는 것이 유일한 방법이다. 우리 청소년들에게 그런 이들의 삶과 성공에 대한 얘기를 들려주는 것보다 더 살아 있는 교육이 어디에 있을런가. 연예인과 운동선수를 우상처럼 여기는 그들에게 더 매력적인 대안을 제시해줄 필요가 있다.

　또한 벽에 맞닥트린 우리 산업계가 영감을 얻을 만한 사례들을 제시해보고자 했다. 제조업은 끝났으니 이제는 서비스업이라는 식의 엉터리 처방 말고, 현재의 우리 상황에서 시도할 가치가 있고 실현이 가능한 방안을 찾고자 했다. 엔지니어링 분야가 하드웨어만으로 구성되어 있다고 생각하는 것은 일반인들이 갖기 쉬운 오해다. 엔지니어링이란 정밀한 하드웨어와 고도의 소프트웨어가 유기적으로 결합되어 있는 하나의 생명체와 같다. 엔지니어링 안에 제조업과 서비스업이 같이 존재한다는 뜻이다. 그리고 소프트웨어를 통해 하드웨어가 더 정밀해지고, 하드웨어를 통해 소프트웨어가 더 고도화될 때 아무도 따라올 수 없는 초일류의 산업을 갖게 되는 것이다.

이 책에는 9명의 영웅적 엔지니어들과 그들의 분신과도 같은 8개 회사에 대한 얘기가 실려 있다.

1부에서는 창업주 엔지니어들을 다뤘다. 4명의 얘기가 나오는데 이들은 모두 정규 엔지니어링 교육을 받은, 즉 공대를 나온 사람들이다. 그중 두 명은 공학박사로 교수를 그만두고 창업한 경우다. 하지만 박사들만이 창업할 수 있다고 지레짐작해서는 곤란하다. 나머지 두 명 중 한 명은 대기업을 오래 다닌 끝에 창업하게 된 경우고, 또 다른 한 명은 석사 학위만을 갖고 아무런 경험 없이 창업에 나선 경우다. 이들의 개인 재산은 각기 수조 원에 달한다. 중요한 점은 상속으로 물려받은 재산이 아니라는 것이다. 모두 무일푼으로 출발해서 그러한 부를 일궈냈다.

2부도 창업주 엔지니어를 다룬다. 하지만 1부와 차이가 있다. 2부에 나오는 두 명의 엔지니어들은 엔지니어링 교육을 이수한 적이 없는 사람들이다. 한 명은 미대를 졸업했고, 또 다른 한 명은 심지어 대학 졸업장이 없다. 즉 최종 학력이 고졸이다. 그렇지만 이 두 사람이 엔지니어 중의 엔지니어임을 부인할 수 있는 사람은 없다. 이들 사례로부터 알 수 있는 것은 엔지니어란 신분이 아니라는 점이다. 어딜 나오고, 학위가 있고 없고가 엔지니어 여부를 결정짓지 않는다는 얘기다. 엔지니어의 실용적 마음가짐을 갖고 도전하고 행동하는 사람이면 누구나 영웅적 엔지니어가 될 수 있다.

3부는 자신의 회사를 세운 엔지니어 창업주는 아니지만, 귀감이 될 만한 전설적 엔지니어를 소개한다. 특히 7장에 나오는 켈리 존슨과 스컹크 웍스에 대한 얘기는 혁신적인 엔지니어링 조직이 성과를 내려면 어떻게 운영되어야 하는지에 대한 하나의 이상적인 모델과 같은 사례다. 또한 제트 프로펄션 랩을 다룬 8장은 인간의 엔지니어링적 도전 정신의 궁극이라고도 할 수 있는 우주 개발에 대한 얘기다.

이 책에 나온 엔지니어들에 대한 얘기를 다 읽고 나면 분명해지겠지만, 공통적으로 나타나는 몇 가지 사항을 한번 정리해보았다. 회사 차원의 이야기로 이해해도 좋고, 개인 차원의 이야기로 이해해도 좋을 듯하다.

첫째, 남들이 안 된다는 것에 기회가 있다는 점이다. 불가능한 일이라고 누군가가 얘기하면 그만큼 그 일을 이뤘을 때의 파급효과가 크다. 기존의 이론과 통념이 가능하지 않다고 한 일을 가능하게 만든 것이 인류의 역사와 궤를 같이 하는 엔지니어링의 역사다. 현상 유지에 도전장을 내미는 것이 엔지니어링과 과학의 차이인 것이다.

그렇게 하기 위해서는 우선 호기심을 갖는 것이 필요하다. 하지만 단순한 호기심이 아닌 실행적 호기심이어야 한다. '왜 그렇지?' 하는 과학의 질문은 맞냐, 틀리냐와 같은 주관적, 정치적 가치 판단으로 변질되기 쉽다. 그보다는 '왜 안 되는 거지?'나 '안 될 게 뭐야?' 하는 생각이 엔지니어링의 정수다.

둘째, 융합과 승병의 자세가 엔지니어링과 테크놀로지의 발전을 이끈다. 근대 이래로 전문화와 분업화의 장점이 주장되고 그 불가피성이 설교됐지만, 이제 이 모델은 수명을 다했다. 근시안적인 세계관과 지엽적인 관심, 그리고 한정된 도구만을 동원하는 기존의 개별 학문 분파가 해결할 수 있는 문제는 이제 거의 없다고 해도 과언이 아니다. 우물을 깊게만 파려고 하면 곧 난관에 봉착해 더 이상 못 내려가는 것과 마찬가지다. 융합의 자세란 기존 분파의 칸막이를 없애는 것, 좁다란 구획을 파괴하는 것, 그리고 더 높은 곳에서 바라봄으로써 여러 분야를 넘나들게 하고 섞이게 하는 것을 말한다.

회사의 차원에서 융합의 자세가 핵심적이라면, 개인의 차원에서는 승병의 자세가 필요하다. 승병이란 살생을 금하고 중생을 계도하는 승려면서도 국난 앞에서는 무기를 들고 일어선 임진왜란 때의 의병으로서, 여러 분야의 경험과 지식을 갖춘 일종의 멀티플레이어를 상징하는 말이다. 어떤 사람이 엔지니어면서 디자이너기도 하고, 비영리단체 활동을 하면서 동시에 모험사업가도 되는 것, 그런 것이 바로 승병이 지향하고자 하는 바다. 융합이 회사 차원에서 다원주의적 관점을 갖는 것이라면, 승병은 개인 차원에서 다원주의적 관점을 내재화하는 것이라고 할 수 있다.

우리는 유독 신분과 순혈주의를 강조하는 전근대적 세계관에서 아직 충분히 탈피하지 못했다. 그래서 가령 학부 때의 전공과 무관한 듯한 분야에서 활약하고 있는 이들을 백안시한다. 하지만 한 개인이 어느 한 분야에서만 능력을 발휘할 수 있다는, 전문화와 함께 생겨난 주장은 인류 전체의 역사를 놓고 보면 성립될 수 없는 단견이다. 실제로 역사적인 인물들의 삶을 조금만 조사해보면 거의 예외 없이 다양한 분야에서 활동하여 족적을 남겼음을 쉽게 확인할 수 있다.

셋째, 회사 내부의 관료제와 형식에 얽매이지 않은 실행만이 차이를 가져올 수 있다는 점이다. 예를 들어 2장에 나오는 화낙의 연구소에는 일반적인 회사에 흔한 총무부나 연구기획부 같은 부서가 없다. 엔지니어들의 직급도 선임연구원과 연구원, 딱 두 가지뿐이다. 사장조차도 선임연구원이란 호칭이 자신의 명함 제일 앞에 나오도록 한다. 그만큼 테크놀로지의 개발 그 자체에 중요성을 둔다는 얘기다.

하지만 이러한 실행을 단기간 해놓고서 결과를 기대하는 것만큼 섣부른 일은 없다. 혁신은 결코 한순간에 이뤄지지 않는다. 이를테면 3장에 나오는 아마르 보스는 약 20년 동안 능동적 방식의 자동차 현가장치를 개발했다. 보통의 회사라면 20년이나 걸려서 결과를 내놓은 개발 책임자는 해고돼도 수십 번은 해고됐을 것이다. 하지만 그 회사의 주인인 엔지니어가 하겠다고 한다면 얘기는 다르다. 다시 말해 눈에 잘 띄지 않는 자잘한 개량과 노하우를 오랜 시간 동안 쌓고 또 쌓아야 질적 도약을 기대할 수 있다. 그 결과로 나타난 차이에 '혁신'이라는 이름을 붙였을 뿐이다. 즉 혁신과 앞선 테크놀로지는 장인의 경지에 다름 아니다.

마지막으로, 개인 관점의 얘기 한 가지로 들어가는 말을 마칠까 한다. 영웅적 엔지니어들은 결코 천재가 아니다. 이 책에 나오는 엔지니어들은 거의 예외 없이 어렸을 때 혹은 학창 시절 눈에 띄던 학생이 아니었다. 눈에 띄지 않는 정도가 아니라 대개 성적이 안 좋거나 혹은 학교생활에 잘 적응하지 못했다. 하지만 뜻을 세우고 자신의 관심사를 좇아간 끝에 수조 원대의 재산을 이뤘다. 무슨 타고난 비범한 재주가 있었던 게 아니다. 이들과 같은 마음가짐을 가질 수 있다면 여러분도 할 수 있다는 얘기다. 학교 때 성적도 중요하지 않고, 어느 학교를 나왔는가도 중요하지 않으며, 무엇을 공부했는가도 중요하지 않다. 기죽지 말고 첫발을 내디뎌라, 그리고 시도해보라.

운명에의 도전은 인간의 가장 고귀한 숙명이다. 엔지니어들은 그러한 숙명을 온몸으로 체득한 사람들이다. 여러분이 이 책의 엔지니어들에게서 배우고, 그들을 본받고, 그리고 그들 이상의 영웅이 될 것을 꿈꾸기를 진심으로 기원한다.

2016년 11월
용산 자택 서재에서
권오상

1

은자적 엔지니어링 영웅,
하지만 한 세상의 왕

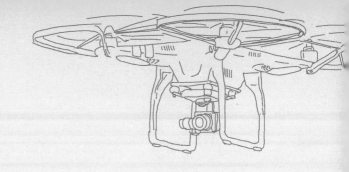

1

드론계의 애플이자 중국의 자부심,
왕타오의 다지앙 이노베이션스 테크놀로지

DJI

잊지 못할 프러포즈를 만든 건
9.15캐럿 다이아몬드가 아니다

45세의 한 남자가 있었다. 두 번 결혼한 적이 있지만 각각 1년, 3년 만에 이혼했다. 두 번째 부인이 낳은 딸은 아직 유치원에도 다니지 않을 정도로 어렸다. 첫째 부인과 둘째 부인 사이에 잠깐 동거했던 키 177센티미터 19세 모델이 낳은 딸도 있었다. 그런 그에게 다시 결혼하고 싶은 여자가 생겼다. 새 여자와 눈이 맞은 게 먼저였는지 아니면 두 번째 부인과 이혼한 게 먼저였는지는 다소 불분명하다.

이렇게만 얘기하면 전형적인 한 바람둥이의 얘기처럼 들린다. 그러니 보다 공평하게 그의 배경에 대해 좀 더 이야기해보자. 음악가였던 그의 아버지는 아들이 자신처럼 음악의 길을 걷기를 원했다. 그래서 그는 6세 때부터 바이올린을 배웠다. 12세 때에는 중국에서 유명한 음악학교인 중앙음악학원 부속 중학교에 들어갔다. 처음에는 자신이 왜 바이올린을 전공해야 하는지 몰랐다고 한다. 그러다 15세 때 러시아의 작곡가 차이코프스키의 작품을 듣고는 음악의 아름다움에 눈을 떠 일평생 음악과 함께하기로 결심했다.

결국 그는 비올라를 전공하여 중앙음악학원을 졸업했다. 졸업 후에는 자국의 국립발레단 오케스트라 단원으로 취직했다. 하지만 1년 만에 그만두고 만다. 록 가수가 되기 위해서였다. 1997년 첫 번째 앨범을 낸 이래로 2015년까지 그는 총 11장의 앨범을 내왔다. 최근 몇 년 사이에 많이 뜨긴 했지만 그 과정이 순탄치만은 않았다. 복잡한 여자관계도 그 순탄치 않은 삶에 일조했을 것이다. 그가 그런 마음을 담아 쓴 한 히트곡의 가사를 음미해보자.

비록 실패의 고통이 날 상처투성이로 만들었지만 나는 굳게 믿는다, 광명은 먼 곳에 있다고.

머나먼 곳에 있는 광명을 마침내 찾았던지, 그는 2013년 11월 자신의 콘서트에서 〈난 널 이렇게 사랑해〉라는 노래를 불렀다. 관객으로 와 있던 새 연인에게 공개적인 사랑 고백을 한 거였다. 그녀는 다른 사람들의 이목에도 불구하고 눈물을 펑펑 쏟았다. 유명 앵커도 사귀어봤고 억만장자인 벤처 캐피털리스트와도 사귄 적이 있던 그녀로서도 많은 관객들이 보는 데서 부르는 세레나데가 꽤나 감격스러웠던 모양이다. 하지만 사실 알고 보면 이 노래는 원래 첫째 딸을 낳은 19세 모델에게 바친 곡이었다. 게다가 여론도 우호적이지 않았다. 그의 소득은 새 연인의 20분의 1에 불과하다며, 둘이 전혀 어울리지 않는다는 식의 비아냥거리는 기사가 나올 정도였다.

이쯤에서 그와 그의 새 연인이 누군지 밝히도록 하자. 그는 왕펑이라는 중국의 록 가수고 그의 새 연인은 영화배우 장쯔이였다. '혹시?' 하고 생각했다면 틀리지 않았다. 할리우드 영화 〈게이샤의 추억〉이나 장이머우 감독의 〈연인〉, 〈집으로 가는 길〉의 주연 여배우였던 바로 그 장쯔이다. 장쯔이는 중국을 대표하는 세계적인 스타다. '그런데 왕펑은 누구야?' 하는 생각이 들었더라도 너무 좌절할 필요는 없다. 나도 이 책을 쓰기 전에는 누군지 전혀 몰랐으므로. 누가 보더라도 장쯔이가 일방적으로 손해 보는 관계로 보였다.

그래서인지 그는 장쯔이에게 남다른 프러포즈를 하고 싶어 했던 것으로 보인다. 거삿날은 2015년 2월 그녀의 36번째 생일날이었다. 이를 위해 그는 만반의 준비를 했다. 우선 2층 독채로 되어 있는 대형 식당을 통째로 빌렸다. 식당 문 바로 앞에 호수가 펼쳐져 있는 그림 같은 곳이었다. 그러고는 생일 파티를 열어주겠다고 자청하여 자신과 그녀의 지인들을 불러 모았다. 프러포즈가 끝나면 호숫가 밤하늘을 수놓을 폭죽과 불꽃도 준비했다. 소문에 따르면 이 생일파티를 준비하는 데에만 1억 8,000만 원이 들었다고 한다.

그게 다가 아니었다. 왕펑은 무려 9.15캐럿의 다이아몬드가 박힌 반지를 준비했다. 영국 런던의 최고급 보석상 무사예프에서 만든 거였다. 다이아몬드의 가격은 통상 4C라 하여 캐럿(Carat), 투명도(Clarity), 색상(Color), 커트(Cut)에 따라 천차만별이기에 단지 캐럿만을 놓고 그 가격을 예단할 수는 없다. 그렇더라도 최소 수억 원 이상을 호가할 것은 분명하다.

그렇지만 왕펑은 이걸로도 뭔가 임팩트가 부족하다고 느꼈던 모양이다. 반지가 얼마짜리건 간에 그 가격만으로 감동하기에는 장쯔이는 가진 재산이 이미 충분히 많았다. 다른 여자들은 받아본 적이 없는, 뭔가 정성이 느껴지고 기발한 그런 프러포즈를 위해 왕펑은 고심에 고심을 거듭했던 것 같다.

그 고심 끝에 드론이 프러포즈 장면에 등장했다. 세계 최초였다. 감미로운 음악이 흘러나오는 가운데 하얀색의 드론이 바구니를 달고 나타났다. 그 바구니 안에 반지가 담겨 있었던 것이다. 장쯔이는 두 손으로 얼굴을 감싸 쥔 채 눈물을 흘렸다. 외신들은 장쯔이가 결혼을 수락했다는 사실보다 드론이 프러포즈에 사용됐다는 사실을 보도하는 데 더 열을 올렸다. 130만 원짜리 드론이 수억 원 이상의 다이아몬드보다 더 흥미로웠던 것이다.

이 일화는 비슷한 시기인 2015년 초에 발생한 다른 사건들과 궤를 같이한다. 하나는 미국 대통령 관저인 백악관에 정체불명의 드론이 날아와 부딪힌 사건이다. 백악관을 둘러싼 삼엄한 경비를 간단히 뚫고 들어갈 수 있었다는 점에서 파장이 적지 않았다. 한편 몇 달 후에는 일본 총리 아베 신조에 반대하는 한 남자가 드론에 방사능 물질로 가득 찬 상자를 매달아 총리 관저 지붕에 착륙시키는 일이 벌어졌다. 야마모토 야스오라는 이 40대 남자의 정치적 신념은 어떨지 모르나 공학적 지식은 보잘것없었다. 그럼에도 드론을 날리는 데 전혀 어려움은 없었다.

그 정도로 드론은 이미 우리 생활 깊숙이 파고들어와 있다. 테크 괴짜들의 전유물이 아니라는 거다. 그리고 위의 세 드론에는 공통점이 한 가지 더 있다. 바로 셋 다 영어권에서 DJI라는 약자로 더 알려져 있는 다지앙 이노베이션스 테크놀로지의 제품이라는 점이다.

무에서 유를 창조한
민간용 드론의 선두 주자 DJI

드론은 한마디로 말해 무인비행체다. 사람이 타지 않은 무인항공기와 원격조정이 가능한 소형 비행체 등을 모두 포괄하는 말이다. 원래 드론이라는 단어의 사전적 의미는 수벌로서, 열심히 꿀을 모으는 일벌과는 대조적으로 일 안 하고 농땡이 부린다는 의미도 갖고 있다. 오직 단 한 번의 교미만을 위해 양육되는 수벌은 벌의 세계에서 철저히 무위도식하는 존재다.

무인비행체가 드론으로 불리게 된 유래에는 두 가지 설이 있다.

하나는 무인비행체가 공중에 떠 있을 때 들리는 저주파 소음이 수벌을 연상시켜서 드론으로 불리게 됐다는 거다. 군사용 드론의 대표격이라고 할 수 있는 미국의 프레데터가 상공에 떠 있으면 눈에 보이지 않아도 특유의 붕붕거리는 소리가 들린다. 그런 프레데터의 미사일 공격에 진절머리가 났던 파키스탄의 탈레반은 그 붕붕거리는 소리를 감지하는 앱을 스마트폰에 깔아 대비할 정도였다. 이를 통해 무인비행체의 소리가 굉장히 특징적이라는 것을 짐작해볼 수 있다.

그러나 사실 위의 설명은 반쪽짜리다. 프레데터의 붕붕거리는 소리가 벌을 연상시키는 것까지는 이해가 되지만, 왜 다른 많은 벌들을 제쳐두고 하필이면 수벌에 해당하는 드론으로 불리게 됐는지를 설명해주지 못하기 때문이다. 일벌인 하니비나 호박벌인 범블비가 더 흔하고, 또 매섭기로는 와스프나 호넷 같은 말벌도 있다. 하기야 호넷은 이미 미 해군의 전투기 이름으로 사용 중이라 고려 대상이 될 수 없었을 테고, 와스프는 같은 알파벳의 두문자어(acronym)가 다소 미묘한 의미를 갖고 있어 절대로 채택될 수 없었을 것이다.

이것보다 좀 더 그럴듯한 두 번째 설은 역사적 사실에 기인한다. 제2차 세계대전 개전 전인 1935년, 영국 해군은 드 하빌랜드 사가 개발한 연습기 타이거 모스를 개조하여 DH 82B라는 무인 표적기를 만들었다. 표적기란 사격 훈련용 표적을 줄로 매달아 놓은 비행기를 가리킨다. 사람이 조종하는 유인 표적기의 경우 의도치 않은 공격으로 조종사나 기체가 직접 명중될 위험이 적지 않아서, 사람이 타지 않고 무선으로 조종하는 비행기를 만든 거였다. 이 무인 표적기의 공식 명칭은 퀸 비(Queen Bee), 즉 여왕벌로서, 1943년까지 총 412대가 생산됐다. 이미 1935년에 이런 무선 조종이 가능한 무인기가 생산됐다는 사실이 새삼 놀랍다.

이 무인 표적기가 놀랍기는 당시의 미국 해군참모총장이었던 윌리엄 스탠들리도 마찬가지였다. 영국에서 본 시범 비행에 깊은 인상을 받은 스탠들리는 미국으로 돌아와 이와 비슷한 무인비행체를 만들 것을 지시했고, 이 과정에서 드 하빌랜드의 여왕벌에 대한 경의의 표시로서 드론이라는 이름을 채택했다는 거다. 벌의 세계에서 여왕벌이 없는 한 수벌은 존재 의의가 없는 것처럼 말이다.

지금까지 간략하게 소개한 내용에서도 알 수 있듯, 드론은 원래 군사적 목적으로 개발됐다. 미국을 비롯한 각국 정부가 막대한 개발비를 직접 감당했고, 이에 사용된 테크놀로지는 대개 군사기밀로 취급됐다. 사실 이런 테크놀로지는 수십 년 이상 경과되면 더 이상 기밀로서 가치가 없어지지만, 특별한 계기가 없는 한 민간에 공개되지 않는다. 가령 지금은 누구나 사용하고 있는 위성항법장치, 즉 GPS만 해도 원래는 미국이 자국의 군사적 목적으로만 쓰려고 했던 거였다. 그러다가 1983년 우리나라의 대한항공 007편이 소련 영공으로 들어가 격추되는 사건이 발생하자, 당시 미국의 레이건 대통령이 민간에서도 사용할 수 있도록 결정을 내려 오늘에 이르고 있다.

그리하여 지금도 드론 산업의 매출은 대부분 군사 부문에서 발생한다. 2014년 기준으로 전 세계 드론 시장의 규모는 6조 4,000억 원으로 추산되는데, 민간용 드론 시장은 이의 11% 정도에 불과하다. 군사용 드론 시장을 주도하는 회사를 꼽아보자면, 프레데터와 리퍼 등을 만든 제너럴 아토믹스, 글로벌 호크를 개발했고 X-47을 개발 중인 노스롭—그러면, 타라니스를 개발 중인 영국의 BAE 시스템스, 그리고 의외의 강자인 이스라엘 에어로스페이스 인더스트리스(IAI) 등이 있다. 그리고 드론 시장 자체도 대략 500조 원 규모의 전체 항공기 시장과 비교하면 아직 새 발의 피다.

그렇지만 민간용 드론 시장은 아주 빠른 속도로 성장하고 있다. 2015년에 군사전문 컨설팅사인 틸 그룹(Teal Group)은 민간용 드론 시장이 향후 10년 동안 약 34% 정도의 연평균성장률을 기록할 거라고 전망했다. 이는 군수용 드론의 성장률 예상치보다 수 퍼센트 이상 높은 숫자다.

물론 이 숫자를 액면 그대로 받아들일 필요는 없다. 맞아도 그만, 틀려도 그만인 전망치기 때문이다. 하지만 적어도 민간용 드론 시장이 급성장하리라는 예상을 부인하기는 어렵다. 사실 2014년에 기록한 7,000억 원 정도의 매출도 4, 5년 전의 시점으로 되돌아가보면 입이 떡 벌어지는 숫자다. 왜냐하면 그때만 해도 민간용 드론 시장이란 기껏해야 장난감 취급을 받던 무선조종(RC) 헬리콥터 같은 게 전부인, 통계를 낼 필요조차 없을 정도로 미미한 규모였기 때문이다. 그런 의미에서 보면 무에서 유가 창조됐다고 할 만하다. 이는 결코 과장이 아니다.

이러한 변화를 이끌어낸 게 바로 다지앙(DJI)이다. 아무것도 없던 상태에서 시작하여 상당한 규모의 민간용 드론 시장을 창조해낸 게 바로 다지앙이라는 뜻이다. 2011년만 해도 다지앙의 매출은 고작 42억 원에 불과했다. 그러던 것이 2013년에는 1,300억 원으로 뛰어올랐고, 2014년에는 5,000억 원, 2015년에는 1조 원을 기록했다. 폭발적인 성장을 기록한 것이다. 현재 다지앙은 민간용 드론 회사 중 자타가 공인하는 최고 회사로, 2015년 시장점유율로 보자면 70%가 넘는 압도적인 1위이다.

다지앙의 경쟁자가 전혀 없지는 않다. 대표적인 도전자들로 패럿(Parrot)과 3D로보틱스를 들 수 있다. 혹자는 다지앙과 패럿, 그리고 3D로보틱스를 묶어서 '민간용 드론 시장의 삼국지'라고 부르기도 한다. 비유하자면, 다지앙이 조조의 위, 패럿이 손권의 오, 3D로보틱스가 유비의 촉이다. 이 얘기대로라면 세 회사가 막상막하의 경쟁을 벌이는 것처럼 보인다. 그러나 삼국을 통일한 것은 결국 위였음을 기억할 필요가 있다.

패럿은 1994년에 앙리 세이두가 2명의 동업자와 함께 설립한 프랑스회사로 영어로는 앵무새라는 뜻을 갖고 있다. 다양한 기계/전기 제품을 만들고 있어, 가령 네이버에서 영어로 검색하면, "자동차 액세서리 전문업체, 차량용 핸즈프리, 헤드폰, 스피거 등"의 제품을 믄드는 회사라고 나온다. 패럿의 드론은 특히 스마트폰이나 태블릿으로도 조종이 가능해 아이들도 쉽고 친숙하게 다가갈 수 있다는 장점을 갖고 있다. 그래서 2014년 미국과 유럽에서 크리스마스 선물로 큰 인기를 끌기도 했다. 패럿의 드론 매출은 2013년에 420억 원이었다가 2014년에 830억 원으로 거의 2배가량 증가했고, 2015년에도 급성장세가 이어져 3,263억 원을 기록했다.

한편 3D로보틱스는 IT 분야의 유명 잡지 《와이어드》의 편집장을 오래 지낸 크리스 앤더슨과 엔지니어 호르디 무뇨스가 2009년에 공동으로 창업한 회사다. 앤더슨은 어린이용 블록 장난감으로 유명한 레고의 교육용 제품 마인드스톰을 이용해 2007년부터 자신의 아들과 드론을 직접 만들어왔을 정도로 드론 마니아다. 3D로보틱스는 특히 개방형 커뮤니티를 활용하여 드론에 관심이 있는 사람들의 다양한 의견을 수렴하는 걸로도 유명하다. 그러나 3D로보틱스는 2016년 10월 더 이상 드론을 생산하지 않겠다고 선언했다. 다지앙과 패럿과의 경쟁에서 졌음을 인정한 것이다.

그저 그런 학점의 전기공학 석사에서
4조 원대의 재산가로 거듭나다

다지앙을 창업한 엔지니어이자 현재 CEO인 왕타오는 1980년에 중국의 항저우에서 태어났다. 부모가 자리를 잡은 셴젠에서 유소년기를 보낸 왕타오는 어려서부터 온종일 각종 조립식 장난감을 갖고 놀기를 좋아했다. 특히 그가 좋아했던 장난감은 모형비행기였다. 학교 성적은 우등생과는 거리가 멀었고, 대부분의 시간을 모형비행기에 대한 책들을 섭렵하면서 보냈다.

워낙 모형비행기에 푹 빠져 지낸 탓인지, 왕타오는 한동안 혼자만의 '비행기 요정'을 상상하며 지냈다고 한다. 그가 어디를 가든 혼자 힘으로 따라 다니고, 또 카메라로 그의 모습을 찍는 비행기를 상상했다는 거다. 20년 전만 해도 "그게 가능하겠나?" 하는 부정적인 인식이 대부분이었을 것이다. 그러나 그런 꿈을 상상한 지 20여 년이 지난 현재, 그의 꿈은 실제로 현실이 됐다. 진짜 엔지니어들이 목표로 하는 삶이 이런 것이다. 남들이 보기엔 불가능해 보이는 일을 본인의 인생을 걸고선 기필코 이뤄내고야 만다.

고등학생 때 처음으로 무선조종 헬리콥터를 선물로 받았던 왕타오는 고등학교 졸업 후 상하이에 있는 화동사범대학에 입학했다. 그러나 전공은 뜬금없게도 심리학이었다. 본인의 관심 분야를 공부할 수 있는 엔지니어링 스쿨을 가기엔 성적이 모자라서 벌어진 일이었다.

억지로 들어간 학교에서 관심 없는 분야를 공부하는 게 재미있을 리가 없었다. 2003년 왕타오는 화동사범대학을 자퇴하고 미국으로의 유학을 꿈꿨다. 엔지니어링의 본고장에서 무선조종 헬리콥터에 대해 배우고 싶어서였다. 하지만 중국의 잘 들어보지 못한 대학의 심리학과 자퇴생이 터프하기로 이름난 엔지니어링 학부 과정을 좇아갈 수 있으리라고 생각한 미국 대학은 한 군데도 없었다.

그렇지만 삶이란 생각하지 못한 데서 길이 열리기 마련이다. 애초에 지원할 때부터 왕타오는 미국 유학의 가능성이 높지 않다는 것을 느끼고 있었다. 하지만 그렇다고 화동사범대학에 주저앉아 있을 수는 없었다. 하나의 대안은 자신의 편입학을 허락해줄 만한 다른 중국 학교에 지원하는 거였다. 그런 심정으로 지원한 홍콩과학기술대학에서 마침내 편입허가를 받게 돼 2003년 가을부터 꿈에 그리던 전기공학을 공부하게 됐다.

그럼에도 불구하고 홍콩과학기술대학에서 그는 전혀 눈에 띄는 학생이 아니었다. 홍콩 거주 중국인으로서 새로 프랭크라는 영어식 이름을 갖게 된 왕타오의 시험 성적은 기껏해야 평균 근처를 맴돌았다. 한마디로 프랭크 왕은 평범한 학생이었다.

유일한 예외는 4학년 때 수강한 그룹 프로젝트 과목이었다. 교수가 낸 문제를 정해진 시간 안에 얼마나 잘 푸는지로 성적이 결정되는 일반 과목과는 달리, 학생들 자신이 정한 시스템을 실제로 구현해 작동시키는 결과로 평가되는 과목이었다. 왕타오는 무선조종 헬리콥터의 비행제어기를 프로젝트 주제로 택했다. 17세 때인 1996년 처음 선물 받은 무선 헬기를 날리자마자 추락시켜 부숴버린 이래로 10년 동안 갈고닦아왔던 분야였다.

그는 혼신의 힘을 기울여 프로젝트를 준비했다. 다른 건 몰라도 이것만큼은 다른 학생들에게 지고 싶지 않았다. 새벽 5시까지 밤새워 일하느라 늦잠을 자 다른 과목 강의 결석을 밥 먹듯 할 정도였다. 이것만 봐도 그가 학점이 좋은 학생일 리는 없었다는 것을 짐작할 수 있다. 결석하는 학생에게 좋은 학점을 주는 교수란 거의 없기 때문이다.

그러나 아이러니하게도 왕타오가 전력을 다한 무선조종 헬기 프로젝트는 실패로 끝나고 말았다. 헬기 조종에서 제일 어려운 부분은 이른바 '호버링'이다. 호버링이란 공중에 뜬 상태로 움직이지 않고 제자리에 머물러 있는 것을 말한다. 앞쪽의 커다란 주회전날개와 꼬리 쪽의 조그만 보조회전날개를 갖추고 있는 일반적인 헬리콥터의 경우, 그 공기역학적 특성이 불안정하여 완벽한 호버링이 쉽지 않다. 미세하게 계속 헬기의 자세와 출력 등을 제어해줘야 하는데, 왕타오의 프로젝트는 이걸 컴퓨터를 통해 구현하는 거였다. 그러나 프로젝트 시연 바로 전날 밤 테스트에 몰두하다가 헬리콥터를 망가뜨리고 말았던 것이다.

여기서 왕타오에게 일종의 기적 같은 일이 생긴다. 비록 프로젝트 자체는 실패로 끝나 아무것도 보여주지 못했지만, 프로젝트 과목의 담당교수였던 리제샹이 왕타오의 끈기와 남다른 실력을 알아본 것이다. 리제샹도 본인의 박사과정 이래로 무선 헬기를 날려왔던 터라 왕타오가 하려던 프로젝트의 난이도와 수준을 잘 이해할 수 있었다. 한마디로 선수가 선수를 알아본 거였다. 물론 학점은 별개의 문제여서 리제샹은 왕타오에게 나쁜 학점을 줬다. 그게 공정한 일이기도 했다.

보통 다지앙에 대해 얘기할 때 프랭크 왕에 대해서만 언급하는 경향이 있다. 창업자고 또 현재 CEO니 어찌 보면 당연한 일이다. 하지만 절대로 빠트려서는 안 되는 인물이 바로 리제샹이다.

어떤 의미에서는 리제샹은 20세기 후반의 성공한 중국인 엔지니어의 표본과도 같은 인물이다. 중국 후난 태생으로 1978년 후난성에 있는 중

난대학의 전신인 중난공업대학에 입학했던 리제샹은 학부를 마치지 않고 미국으로 건너가 카네기멜론 대학에서 전기공학과 경제학을 복수 전공하고 1983년에 졸업했다. 이어 캘리포니아 버클리 대학에 입학하여 전기공학 석사와 수학 석사를 각각 취득하고 1989년에 전기공학으로 박사 학위를 받았다.

1992년에 홍콩과학기술대학으로 옮긴 그는 2명의 지인과 함께 1999년 홍콩에서 구골 테크놀로지라는 회사를 창업했다. 각종 공작기계와 로봇을 제어하는 데 사용되는 모션컨트롤러의 설계부터 생산, 서비스까지 모두 담당하는 회사로, 리제샹은 이를 통해 상당한 재산을 갖게 됐다. 세계적인 IT기업 구글이 원래 의도했던 기업명으로도 잘 알려진 구골은 원래 10의 100승이라는 엄청나게 큰 수다. 혹시라도 오해가 있을까 싶어 덧붙이지면, 구글과 구골 테크놀로지는 아무런 관계기 없다.

왕타오의 잠재력을 알아본 리제샹은 다른 교수들의 반대를 무릅쓰고 왕타오를 홍콩과학기술대학 석사과정에 입학시켰다. 그러고는 고집불통인 그의 석사과정 지도교수를 자청했다. 왕타오에 대한 리제샹의 평가는 다음의 말처럼 솔직하기 그지없다.

"프랭크가 다른 학생들보다 더 스마트한 학생이었다고 얘기할 수는 없어요. 하지만 실제로 일을 잘하는 것은 학점이 좋았냐는 것과 별로 상관이 없거든요."

석사과정에 들어온 왕타오는 다른 2명의 동급생과 함께 다지앙을 창업했다. 그러나 다지앙이 처음부터 요즘 드론의 전형적인 형태인 쿼드콥터를 만든 건 아니었다. 헬리콥터의 회전날개를 '로터'라고 부르는데, 쿼드콥터는 로터의 수가 4개인 드론이다. 다지앙이 처음에 주력했던 건 보통의 무선 헬리콥터 조종제어기였고, 2010년 말까지만 해도 왕타오는 리제샹의 지도하에 히말라야 산맥이나 티베트 같은 험한 오지에서 무선 헬기에 카메라를 달아 조종이 가능함을 시범 보이곤 했다. 왕타오는 입학한지 5년 만인 2011년에 석사 학위를 받았다.

리제샹은 다지앙의 드론 개발에 막대한 영향을 미쳤을 뿐 아니라, 다지앙의 초기 투자자기도 했다. 왕타오가 다지앙 주식의 약 44%를 갖고 있는 반면, 리제샹은 3억 6,000만 원의 돈을 들여 약 10%의 지분을 확보했다. 구골 테크놀로지를 통해 이미 적지 않은 돈을 벌었던 그로선 이 정도의 금액은 다지앙 주식이 휴지 조각이 돼도 크게 개의치 않을 정도의 액수였다.

2015년 현재 다지앙의 기업 가치는 어느 정도 될까? 다지앙은 상장되어 있지 않은 비공개 회사다. 따라서 정확한 시가총액을 알 수는 없다. 하지만 다지앙과 같은 유망 벤처회사에는 벤처캐피털들이 주식을 확보하기 위해 투자하는데, 그 투자금액과 지분을 보면 해당 기업의 가치를 짐작해볼 수 있다.

다지앙의 경우, 페이스북에 투자한 경력이 있는 미국의 유명 벤처캐피털 엑셀 파트너스가 2015년 5월 10조 원의 '투자 후 가치(post-money valuation)'로 750억 원을 투자했다. 다지앙의 시장가격을 10조 원으로 봤다는 뜻이다. 이를 통해 엑셀 파트너스가 확보한 다지앙의 주식은 고작 0.75%다. 그럼에도 750억 원이라는 거금을 선뜻 투자했다.

10조 원이라 하면 막상 이게 얼마나 큰돈인지 감이 잡히질 않는다. 그러니 비교할 만한 시가총액을 갖고 있는 회사 몇 군데를 나열해보자. 2015년 12월 현재 LG전자의 시가총액은 8조 6,000억 원, KT의 시가총액은 7조 6,000억 원, 그리고 비행기를 직접 만드는 한국항공우주산업(KAI)의 시가총액이 7조 9,000억 원이다. 이런 비교를 하는 건 조금은 가슴이 아픈 일이다. 장난감 취급당하던 드론을 만들던 회사의 가치가 그 오랜 역사와 전통의 LG전자보다 크다니. 하지만 어쩌랴, 이게 현실인 것을.

그러면 리제샹이 다지앙에 투자했던 3억 6,000만 원은 현재 얼마가 됐을까? 10조 원짜리 회사의 지분을 10% 갖고 있으니, 리제샹의 다지앙 주식 가치는 1조 원이다. 3억 6,000만 원이 2,778배 커져 1조 원이 됐다. 바꿔 얘기하면, 왕타오의 재산은 현재 4조 4,000억 원이다. 한편 리제샹은 현재 다지앙 이사회의 회장으로도 일하고 있다.

이런 게 성공한 엔지니어들의 진짜 모습이다.

드론의 비행은 항공 역학과 제어의 오묘한 결합체

다지앙의 대표적 드론인 팬텀 시리즈를 날려보면 그 매끈한 비행에 감탄하게 된다. 아니, 사실 감탄하는 사람들은 이전에 무선 헬기를 날려보았거나 엔지니어링 지식이 약간이라도 있는 사람들인 경우가 많다. 아예 테크놀로지와 무관한 보통 사람들의 경우, 드론이 원래 이렇게 날리기 쉬운 거겠거니 하고 생각하기 쉽다. 다지앙 드론의 완성도가 워낙 높아서 그런 것인데도 불구하고 말이다.

이러한 역설적 상황은 인공지능을 개발하는 엔지니어들이 '인공지능 효과(AI effect)'라고 부르는 것과 흡사하다. 기껏 고생해서 이전보다 더 뛰어난 인공지능 장치를 만들어놓고 나면, 사람들이 그걸 당연시하면서 더 이상 인공지능으로 간주하지 않더라는 거다. 물론 드론의 비행은 결코 간단치 않다. 그러니 여기에서 드론의 비행에 필요한 테크놀로지에 대해 간략히 알아보도록 하자. 특히 민간용 드론의 거의 표준적인 형태라고 할 수 있는 쿼드콥터를 기준으로 얘기를 해나가자.

우선, 드론은 비행체다. 이 말은 항공 역학의 원리와 그에 수반되는 모든 제약 조건이 그대로 적용된다는 의미다. 현재 인류의 지식으로 구현 가능한 모든 비행체는 다음 둘 중의 하나에 속한다. 첫 번째 종류는 고정익기다. 글자 그대로 날개가 돌아가지 않고 고정되어 있는 비행기다. 우리가 일반적으로 알고 있는 제트 비행기들을 생각하면 된다. 두 번째 종류는 회전익기다. 날개의 회전을 통해 떠오르고 전진하는 비행기에 해당한다. 통상적인 헬리콥터를 생각하면 크게 무리가 없다.

여기서 잠깐, 문제를 하나 내보자. 제2차 세계대전 때 사용되던 프로펠러기는 그러면 고정익기일까, 아니면 회전익기일까? 날개가 고정되어 있으니 고정익기라고 볼 수 있지만, 헬리콥터처럼 회전하는 프로펠러도 있어 회전익기라는 생각도 든다. 이의 구별을 위해서는 양력과 추력이라는, 다소 전문적이긴 하지만 요긴한 용어를 알아두면 좋다.

양력은 비행체가 위로 떠오르게 만드는 힘이고, 추력은 비행체가 앞으로 전진하게 만드는 힘이다. 고정익기든 회전익기든 양력은 모두 날개에서 만들어지는데, 프로펠러기의 프로펠러는 앞으로 전진하는 추력만을 제공할 뿐 직접 양력을 만들어내는 건 아니다. 그렇기 때문에 프로펠러기는 회전익기가 아니고 고정익기다.

쿼드콥터인 드론은 말할 것도 없이 회전익기에 속한다. 쉽게 말해 헬리콥터와 공통점이 많다는 뜻이다. 헬리콥터가 위로 떠오를 수 있는 이유는 '로터'라고 부르는 커다란 회전날개가 빠른 속도로 회전하기 때문이다. 그런데 혹시라도 있을지 모를 오해 한 가지를 여기서 풀고 가자. 로터가 아무리 빠른 속도로 돌아도 헬리콥터는 꿈쩍도 하지 않을 수 있다. 로터의 단면이 지면에 대해 수평을 유지하고 있다면 아무런 양력도 발생되지 않기 때문이다. 그래서 실제 헬리콥터의 로터는 약간 비스듬하게 만들어졌다. 쉽게 이해하려면 선풍기를 생각하면 된다. 선풍기 날개가 휘어진 탓에 바람이 나오는 것처럼 말이다.

사람이 탄 무거운 헬리콥터가 떠오르려면 상당한 양력이 필요하다. 그런데 로터의 회전속도를 높이는 데에는 한계가 있다. 그래서 보통은 로터의 길이를 길게 해 필요한 양력을 만들어낸다. 그런데 여기에 또 문제가 있다. 로터의 길이가 길어지다보면 로터의 회전관성이 커지고 그만큼 반작용도 커져 헬리콥터 본체가 반대 방향으로 돌게 된다. 수직 방향으로 떠오를 수는 있었지만 더 이상 아무것도 못하고 제자리에서 빙글빙글 돌기만 하는 꼴이 되어버리는 것이다. 이는 헬리콥터의 개발 초기부터 가장 큰 문제로 지적되어왔던 사항이었다.

이를 해결하기 위해 고안된 것이 바로 꼬리회전날개, 이른바 '테일 로터'다. 꼬리회전날개는 본체가 돌아가려는 힘을 상쇄시키기 위해 헬리콥터 본체의 꼬리 부분에 장착된 작은 로터다. 이를 돌려서 발생되는 힘으로 본체의 회전을 억제하고 안정시키는 것이다. 하지만 현재 대부분의 헬리콥터들이 채택하고 있는 주회전날개/꼬리회전날개라는 조합은 사실 그렇게 안정적인 게 못 된다. 가령 전쟁 영화 같은 데에서, 총격 등으로 꼬리회전날개가 손상될 경우 헬리콥터가 제멋대로 회전하기 시작하여 조종불능 상태에 빠지는 장면을 간혹 볼 수 있다. 설혹 정상 작동 중이라 하더라도 이로 인해 헬리콥터 특유의 지저분한 비행 특성이 나타난다.

이러한 골치 아픈 문제를 근본적으로 해결할 수 있는 방법이 없지는

앞과 뒤에 거의 같은 크기의 수직축 로터를 장착한 CH-47 치누크 헬리콥터

않다. 헬리콥터에 주회전 날개와 거의 동일한 회전력을 갖는 장치를 하나 만들어주되 회전 방향을 반대로 해주는 것이다. 그렇게 되면 회전력이 서로 상쇄되어 비행 시의 불안정성이 거의 사라진다. 앞과 뒤에 거의 같은 크기의 수직축 로터를 장착하는 이러한 방식을 일명 탠덤(tandem) 방식이라고 부른다. 대표적인 예가 미국의 CH-47 치누크 헬리콥터다.

쿼드콥터는 탠덤 방식을 4개의 로터에 대해 적용한 것과 같다. 쿼드콥터의 각각의 로터들은 정사각형 평면의 각 꼭짓점에 위치하는데, 인접한 로터들은 서로 반대 방향으로 회전하며 대각선으로 마주 보는 로터들끼리는 같은 방향으로 회전한다. 탠덤 방식이 이중으로 사용됐기 때문에 단일 탠덤 방식보다도 더 안정적이다. 일반적인 헬리콥터가 갖고 있는 불안정성을 원천적으로 피할 수 있다.

사실 로터를 여러 개 갖는 장점은 이미 예전부터 잘 알려져 있었다. 1907년에 이러한 디자인이 제안된 바 있고, 1920년대에는 몇 대의 시제품이 제작되기도 했다. 그렇지만 내연기관을 동력원으로 삼는 유인 헬리콥터에서는 현실적인 제약이 장점을 압도했기에 더 이상 실용화되지 못했다. 반면 드론의 경우, 전기모터를 동력원으로 사용하기에 개별적으로 각각의 로터를 제어하기가 훨씬 수월하다. 기계적 연결장치를 최소화하면서 각각의 로터 회전수만 조정함으로써 조종자의 의도대로 비행시킬 수 있다.

그러나 아무리 쿼드콥터의 비행 안정성이 통상적인 헬리콥터보다 뛰어나다고 해도 비행역학에 대한 지식이 없는 일반인이 각각의 로터 회전수를 조정해서 원하는 대로 드론을

탠덤 방식을 4개의 로터에 적용하여 안정성을 높인 다지앙의 쿼드콥터

조종하는 것은 결코 간단치가 않다. 이를 위해서는 기계공학과나 전기공학과에서 가르치는 제어(control)라는 분야에 대한 단단한 실력이 필요하다. 리제샹의 전문 분야가 바로 이 제어였던 것이다.

다지앙이 처음부터 쿼드콥터를 만든 건 아니었다. 오히려 다지앙이 처음에 주력했던 분야는 드론 자체가 아니라 무선 헬기에 카메라를 매달 때 필요한 '짐벌(gimbal)' 제어기였다. 짐벌은 물체가 정해진 회전축을 따라 회전하도록 하는 일종의 기구장치다. 흔들림이 없는 동영상을 찍을 수 있게 해주는 다지앙의 짐벌 및 짐벌 제어기에 사람들은 반응하기 시작했고, 쿼드콥터가 갖고 있는 장점까지 결합시키자 사람들이 폭발적으로 열광하면서 현재의 민간용 드론 시장이 형성됐던 것이다.

이에 더해 다양한 센서 테크놀로지가 다지앙의 드론에 녹아 있다. 특히 수평을 유지하기 위한 자이로스코프나 운동 상태의 기본적인 정보를 입수하기 위한 가속도센서, 지면과의 거리를 측정하는 데 쓰는 카메라와 초음파 센서, 그리고 지도상의 드론의 위치를 파악하기 위한 위성항법장치(GPS)를 갖추고 있다. 이외에도 독자적인 공격 판단을 목표로 하는 타라니스와 같은 군사용 드론의 인공지능에 비할 것은 아니지만, 원격 조종하는 제어기의 무선 신호를 놓치면 자동으로 원래의 이륙 장소

로 돌아온다든지, 비행금지구역으로 설정되어 있는 공역은 자동으로 회피한다든지, 혹은 고장이 났을 경우 드론의 심한 파손을 막기 위해 모터를 멈추고 자동으로 낙하산을 펼치게 하는 등의 초보적 인공지능도 구현되어 있다.

'드론계의 애플'이란 호칭이
괜히 주어진 게 아니다

언제부터인가 다지앙에 '드론계의 애플'이라는 호칭이 생겼다. 자고로 이런 식의 호칭은 완전히 영광스럽기만 한 건 아니기 십상이다. 눈에 띄기는 하지만 무언가의 아류라는 느낌도 들고 또 유명세에 슬쩍 편승하려는 느낌도 들기 때문이다.

하지만 그 대상이 애플이라면 얘기는 좀 다르다. 애플이 누구인가. 아이폰과 아이팟, 그리고 아이패드로 전 세계 모바일 IT 기기 시장 자체를 만들어낸 스티브 잡스의 분신이지 않은가. 아류 취급을 당할지언정 그 비교의 대상이 애플이라면 그마저도 충분히 영광스러울 수 있다. 어느 분야에서 1등이라고 저절로 그 분야의 애플이라고 불리는 게 아니기 때문이다. 가령 모터사이클 분야에서 이탈리아 회사 두카티의 명성은 하늘을 찌르지만, 그렇다고 '바이크계의 애플'이라고 불리지는 않는다. 다지앙 외에 뭔가의 애플로 불리는 유일한 회사는 '전기자동차계의 애플', 테슬라 모터스뿐이다.

그러고 보면 다지앙에는 분명 애플과의 유사점이 꽤 있다.

우선, 하드웨어와 소프트웨어가 결합된 완성도 높은 제품을 만든다는 점이다. 이러한 제품은 절대로 저절로 만들어지지 않는다. 만족할 줄 모르는 까다로움으로 완벽을 추구하는 오너 엔지니어가 있지 않으면 그러한 제품은 불가능하다. 실제로 왕타오는 자신에게 완벽주의자의 기질이 있다고 인정하고 있다. 일례로, 2015년 4월에 있었던 신제품 팬텀3의 시사회에 그는 모습을 드러내지 않았다. 나중에 언론이 이유를 묻자, "이 제품이 내가 원했던 만큼의 완전한 제품이 아니기 때문이었다."라고 대답했을 정도다.

또한 다지앙은 애플이 그랬던 것처럼 닫힌 생태계를 만들려고 한다. 예전부터 IT 산업에서 닫힌 생태계와 열린 생태계 중 어느 쪽이 승리할까에 대한 논란이 적지 않았다. 하지만 개방형 네트워크가 갖고 있는 이점으로 인해 결국은 열린 생태계가 승자가 된다는 쪽이 현재 대다수 사람들의 의견이다. 그럼에도 불구하고 다지앙은 이러한 의견과 반대로 가고 있다. 애플이라는 어쩌면 유일한 예외를 보며, '우리도 그렇게 할 수 있다.'라고 믿고 있는 것 같다. 다지앙은 자신들을 단순히 제품 제조사라고 부르지 않고 플랫폼 제공자라고 부른다. 애플의 제품처럼 다지앙의 드론은 자신들만의 고유한 소프트웨어에서만 작동되며, 그래서 개조는 거의 불가능하다.

애플과의 유사점은 또 있다. 원인이기보단 결과에 가깝긴 하지만 앞에서도 얘기했던 것처럼 다지앙은 드론을 최초로 개발한 회사가 아니다. 마치 스마트폰을 최초로 개발한 게 애플이 아닌 것처럼 말이다. 사실 엔지니어링의 세계에서 최초는 거의 무의미하다. 그런 건 명예에 집착하는 바닥에서나 신경 쓸 일이다. 중요한 건 최초가 아니라 최고가 되는 거다. 다지앙은 드론의 시초는 아니었지만 드론 산업을 일구어냈다. 그리고 거기서 왕처럼 군림하고 있다.

비즈니스의 세계에서는 보통 시장점유율을 놓고 피 터지는 경쟁을 벌인다. 시장점유율을 끌어올려 업계 1위가 되면 만사가 해결된다고 믿는다. 이를 위해 판매가격 인하도 불사한다. 할인 판매로 인해 이익이 줄어들더라도 시장점유율 확보를 통해 이른바 '규모의 경제'를 실현하면 입었던 손해를 나중에 다 되찾아올 수 있을 것처럼 말이다.

이러한 생각의 문제점은 제 살 깎아 먹기 식의 가격 경쟁이 나에게만 허락된 필살기가 아니라는 점이다. 나의 경쟁자도 똑같은 전략을 들고 나올 수 있다. 내가 5% 할인을 들고 나오면, 경쟁사는 10% 할인으로 곧바로 보복에 나선다. 이른바 가격 전쟁이 벌어지는 것이다. 이러한 가격 전쟁의 결말은 거의 예외 없이 매우 비극적이다. 원래 의도했던 시장점유율은 거의 올리지 못한 채 내가 속한 산업 전체의 이익률만 비참할 정도로 낮아지고 만다. 1% 정도에 불과한 매출 이익률로 근근이 입에 풀칠만 하는 회사가 되어버리는 것이다.

겉으로 보면 다지앙도 이와 같은 가격 전쟁을 벌이고 있는 것처럼 보인다. 2015년 4월에 발매된 신제품 팬텀3의 가격은 120만 원 정도다. 하지만 이 정도 완성도 높은 드론을 다른 회사에서 내놓았다면 최소한 수백만 원의 가격을 요구했을 법하다. 어떤 면으론 다지앙은 정말로 제 살을 깎아 먹고 있는 것처럼 보인다. 5개월 전에 내놓았던 상급 기종 인스파이어1과 팬텀3은 기능상 별로 차이가 없다. 그런데 인스파이어1의 가격은 300만 원 정도다. 이렇게 되면 인스파이어1을 살 바보는 없다고 해도 과언이 아니다. 똑같이 1대가 팔려도 매출이 이전의 40%에 불과한 일이 벌어지는 것이다. 그래도 되는 걸까?

좀 더 자세히 들여다보면, 그래도 될 듯하다. 2014년에 다지앙은 5,000억 원의 매출액에 대해 1,200억 원의 순이익을 얻었다. 순이익률이 24%면 제조업체로서는 매우 준수한 결과다. 그리고 다지앙의 가격 파괴는 좀 더 많은 사람들로 하여금 드론 구매를 실제로 고려하게 만든다. 이를 통해 민간용 드론 시장의 폭발적 성장을 이끌어낼 힘이 생긴다. 300만 원이라면 일반인이 사기엔 확실히 부담스럽다. 하지만 100만 원 정도라면 대략 스마트폰 1개 가격이다. 마음먹기에 따라 충분히 지갑을 열 만한 가격인 것이다.

다지앙과 애플이 서로 닮은 건 어쩌면 바로 왕타오 때문이다. 롤모델이 누구냐는 질문에 대해 일말의 주저함도 없이 스티브 잡스라고 얘기할 만큼 왕타오는 자신의 성격이 잡스와 비슷하다고 생각한다. 한마디로 격렬하고 공격적인 성향을 갖고 있다는 의미다. 지독한 일 중독자였던 잡스처럼 왕타오는 회사 사무실에 야전 침대를 갖다 두고서 일주일에 최소 80시간씩 일한다.

히지만 왕타오기 단순히 잡스의 워너비리고 생각하면 오신이다. 당차기까지 한 그의 말을 들어보자.

"나는 스티브 잡스가 가졌던 생각들의 진가를 인정합니다. 하지만 내가 진심으로 존경하는 사람은 사실 아무도 없어요."

어떤 사람을 롤모델로 삼았다고 해서 그의 모든 것을 맹목적으로 좇아야 하는 것은 아니다. 아니, 사실은 그런 맹목적 추종이 오히려 문제다. 사이비 종교와 다를 바가 없기 때문이다. 회사의 성장과 관련해서 왕타오가 갖고 있는 생각을 들어보면 이렇다.

"당신에게 필요한 건 다른 사람들보다 더 영리해지는 거예요. 일반 대중들과도 거리를 둘 필요가 있어요. 그런 거리를 만들어낼 수 있다면 성공하는 거죠."

진심으로 존경하지는 않을지언정, 위의 말은 잡스가 했던 "소비자는 스스로 자신이 무엇을 원하는지 모른다."라는 말을 어딘가 연상시킨다.

이외에도 둘 사이에는 또 다른 공통점이 있다. 일본에 심취해 있다는 점이 그것이다. 잡스가 일본의 젠 스타일에 푹 빠져 있었다면, 왕타오는 일본의 450년 된 가타나, 즉 일본도로부터 영감을 얻는다.

"일본(도)의 장인들은 완벽함을 얻기 위해 끊임없이 애를 쓰죠."

푸른색이 남색에서 나왔으나 남색보다 더 푸를 수 있고, 얼음이 물에서 나왔으나 물보다 더 차가울 수 있듯이 언젠가 다지앙이 드론계의 애플이라고 불리는 게 아니라 애플이 모바일 IT계의 다지앙이라고 불릴 날이 오게 될지 지켜볼 일이다.

혁신과 테크놀로지의
진정한 의미

애플이 휴대용 스마트기기의 다지앙이라고 불리게 되는 일은 지금의 기준으로 보면 나가도 너무 멀리 나간 말처럼 들린다. 하지만 속단하기엔 이르다. IT 산업의 패러다임은 주류가 예상하지 못한 방향으로 늘 바뀌어 왔기 때문이다. 메인프레임 컴퓨터에서 개인용 컴퓨터(PC)로, PC에서 인터넷으로, 인터넷에서 모바일 기기로 주도권이 넘어갈 때처럼 말이다. 이제 더 이상 스마트폰이 신기하지 않고 당연하게 느껴지는 요즘, 혹시 드론이 모바일을 집어삼킬 차세대 IT 기기일 가능성을 완전히 부인할 수 없어서다.

동영상 촬영을 넘어선, 향후 드론의 사용처에 대해서 다양한 의견들이 쏟아져나오고 있다. 피자를 배달해준다든지, 농업에 사용한다든지 하는 게 대표적이다. 미래의 유행을 점치는 것을 업으로 하는 한 사람은 192가지의 활용 사례를 자랑스럽게 발표하기도 했다. 가장 핵심적인 아이디어는 사물인터넷(IoT)과 관련된 분야다. 사물인터넷이란 기존의 가전제품이나 전기기구 말고도 거의 모든 사물들이 다 인터넷과 연결되어 있는 것을 말한다. 이런 상태가 되면 그러한 네트워크에서 생성되는 어마어마한 규모의 정보를 바탕으로 모든 것을 아는 일종의 전지적(全知的) 인공지능이 생겨날 수 있기 때문이다.

왕타오의 다지앙이 갖고 있는 의의는 이외에도 또 있다. 바로 테크놀로지 분야의 제조업에서 중국의 달라진 위상을 대변한다는 점이다. 다지앙 이전의 중국의 제조업이란 일종의 카피캣 수준에 머물러 있었다. 새로운 물건을 개발할 능력은 없지만 값싼 노동력을 바탕으로 전 세계의 공장 역할을 수행해왔다. 아무리 규모와 매출이 크더라도 사람들의 존경의 대상은 아니었다. 그런 중국을 보면서 우리는 '중국이 우리를 따라오려면 아직은 멀었다.'라고 안도하곤 했었다.

그랬던 것이 다지앙으로 인해 달라졌다. 다지앙은 외국 제품을 카피한 저렴한 물건으로 매출 1위가 된 회사가 아니다. 오히려 반대로, 모든 다른 외국의 드론 업체들이 거꾸로 다지앙의 드론을 카피하고 있는 형국이다. 핵심 원천 테크놀로지를 갖고 그 업계에서의 혁신을 주도하고 있는 진정한 선두 주자란 얘기다. 다지앙은 그동안 드론에 관한 특허를 전 세계적으로 촘촘히 신청해왔다. 그래서 드론에 관한 그들의 표준적 특허를 회피하기가 만만치 않다. 다지앙과 같은 중국 회사들의 실력을 이제 정말로 두려워할 때가 왔다는 뜻이다.

2010년에 50명이었던 다지앙의 직원 수는 2015년 5월 기준 3,000명으로, 그중 제품 개발을 수행하는 엔지니어가 전체 직원의 3분의 1인 1,000명에 이른다. 이들의 평균 나이는 우리 나이로 계산해서 27세다. 한마디로 젊디젊다. 그 1,000명 중에 제2의, 제3의 왕타오가 앞으로 나오지 말란 법도 없다. 일 중독자라고 불릴 정도의 몰입과 그로 인해 생기는 전문성, 그리고 처음 수년간의 지지부진함에 좌절하지 않고 계속 도전하는 그의 모습을 보면서, '나도 그처럼 되고 싶다.'고 꿈을 꾸는 이들이 분명 있을 테니까.

다지앙의 회사명에도 들어 있는 '테크놀로지'라는 말을 보통 '기술'이라고 번역한다. 그런데 곰곰이 생각해보면 이러한 번역은 빗나가도 한참 빗나갔다. 제일 큰 문제는 '테크닉'이라는 단어도 '기술'로 번역되고 있다는 점이다. 테크닉을 기술로 번역하는 건 크게 문제가 없다. 예를 들어 축구선수의 공을 다루는 테크닉이 좋다고 얘기하나 공을 다루는 기술이 좋다고 얘기하나 의미는 전적으로 동일하다. 하지만 축구선수의 공을 다루는 테크놀로지가 좋다고 얘기하면 어색하기 짝이 없다. 말하자면 테크닉과 테크놀로지는 서로 같은 대상을 지칭하지 않는다. 테크닉을 기술로 번역하고자 한다면, 테크놀로지는 기술로 번역할 수 없다는 뜻이다.

왜 테크놀로지가 단순히 기술이 아닌지를 엿볼 수 있는 다른 근거도 있다. 테크놀로지라는 영어 단어는 '-logy'라는 접미사를 갖고 있다. 우리말로 생물학, 사회학, 심리학 등으로 번역하는 원래의 영어 단어들도 모두 '-logy'라는 접미사를 갖는다. 무언가의 '-로지'로 끝나는 다른 단어들은 다 '-학'으로 번역한다. 오직 테크놀로지만 예외다. 뭔가 이상하다는 생각을 지울 수 없다.

이런 식의 번역은 모조리 19세기 일본이 만든 것을 그대로 들여온 결과다. 당시의 일본인들이 갖고 있던 개념과 단어가 '-학'과 '-술'이 전부다 보니, 머리로만 하는 것처럼 보이는 건 무조건 '-학', 손을 쓰는 것 같으면 '-술'로 옮겨버린 것이다. 그래서 테크놀로지를 통해, 이를 테면 드론 같은 걸 만들어내는 게 핵심인 영어의 엔지니어링도 우리나라에서는 공학이라는 애먼 명칭으로 불린다.

그나마 일본은 이런 식의 무식한 번역에도 불구하고 별로 폐해가 없었다. 일본은 수백 년 이상 무사인 사무라이가 지배하던 사회였다. 말장난에 불과한 이론 타령에 귀 기울이는 사람은 소수였고 대부분 실질적이고 구체적인 기술에 관심을 쏟았다. 왜냐하면 안 그랬다가는 당장 다음번 전투 때 목이 달아났기 때문이다. 그리고 사무라이기 지배 계급이 된 이후 사회 전체적으로 '-술'의 지위는 더욱 올라갔다. 하나의 기술(art)을 극도로 연마하여 경지에 오른 장인을 사회적으로 우러러 보았다.

그에 반해, 조선에서 '-술'은 '-학'에 비해 전적으로 열등한 것으로 취급됐다. 그리고 그런 인식은 21세기인 지금도 완전히 사라지지 않았다. 기술을 쌓는다고 하면 왠지 깔보려고 든다. 그게 진짜 핵심 중의 핵심이라는 걸 모르는 거다. 그걸로 한 나라가 부강해지고 그걸로 전 세계를 제패한다는 게 눈에 보이지 않는 모양이다. 예전 조선 때도 딱 그랬다. 백성들이야 굶어 죽건 말건 나라 문 닫아 걸고 대국 중국을 섬기는 소중화로서 성리학적 이상향만 지켜나가면 그만인 게 조선의 양반 지배계급이었다.

그러면 테크놀로지를 어떻게 옮겨야 할까? 일부 사람들은 '-로지'로 끝나는 것에 착안하여 '기술학'이라고 부르자는 주장을 한다. 하지만 별로 가슴에 와 닿지 않는다. 구체적이고 실천적인 테크놀로지의 핵심은 사라지고 피상적인 이론 놀음인 양 오인될 가능성이 다분히 있어서다. 그렇다고 지금 그대로 기술이라고 부르고 싶지는 않다. 더 큰 문제는 테크놀로지라는 행위와 영역을 포괄할 만한 개념과 언어 자체가 존재하지 않는다는 점이다. 그게 무엇인지 제대로 이해해본 적이 없는데 이에 해당하는 용어가 어떻게 우리말 중에 있을 수 있겠는가.

어쩌면 유일한 대안은 그냥 테크놀로지라는 단어를 그대로 쓰는 것일지도 모른다. 기존의 개념과 용어에 억지로 끼워 넣으려 하다 보면 왜곡된 이해를 하게 될 가능성이 크다. 담아야 하는 것은 넓디넓은 바닷물인데 1.5리터짜리 페트병에 다 담겠다고 들면 결과는 뻔하다. 테크놀로지는 단순히 일련의 지식 체계나 학문이 아니다. 지적 유희의 단계를 넘어선 구체적이고 실천적인 행위다.

혁신에 대해서도 한마디 하자. 보통 혁신과 테크놀로지상의 진보는 이전과 단절된 과학적 돌파구에 의해서만 가능하다는 식의 얘기를 듣는다. 그런 경우도 없지는 않다. 하지만 매우 드물다. 사실을 얘기하자면, 거의 모든 혁신은 그렇게 중요해 보이지 않는 자잘한 개량이 쌓이고 쌓여서 발생된다. 단지 사람들이 그 중간 과정은 보지 않은 채 결과만을 놓고 열광할 따름인 거다. 또한 그 과정은 누워서 떡 먹기가 아니다. 그래서 대부분의 사람들은 끝까지 가지 못하고 제 풀에 포기하고 만다.

다지앙의 드론이 그 전형적인 예다. 회전익기의 항공역학적 특성이 불안정한 건 비단 다지앙의 드론만 겪는 문제가 아니다. 하지만 다지앙은 오랜 시간의 시행착오와 노하우의 축적을 통해 이를 극복해냈다. 그렇다고 다지앙이 사용하는 제어 이론이 무슨 남다른 비밀 이론이냐 하면 그렇지도 않다. 책과 논문에 나와 있는 뻔한 이론들이다. 그런데도 결과는 다르다. 한마디만 더 하자. 다지앙은 드론의 안정적 비행을 위해 탑재되는 모터의 성능에도 신경을 쓴다. 공장에서 생산되는 전기모터들은 이론적으로는 특성이 동일해야 하지만 실제로는 미세하게 조금씩 차이가 난다. 이 조그만 차이가 비행 안정성을 해치는데, 이를 해소하기 위해 다지앙은 생산되는 모터들의 특성이 극단적으로 균일하도록 신경 써왔다.

이런 게 테크놀로지다. 하루아침에 된 게 아니기 때문에 남들이 쉽게 쫓아올 수 없는.

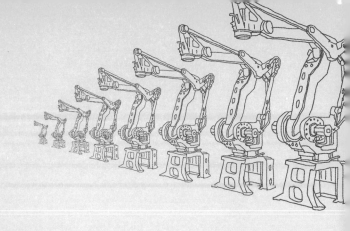

2

기계를 만드는 로봇의 세계 최강자, 이나바 세이우에몬의 화낙

FANUC

후지산 자락의 노란 황제
혹은 작은 연못의 큰 개구리

앞 장에서 엔지니어링의 중국을 대표하는 다지앙을 얘기했으니 이제 엔지니어링의 일본을 대표하는 한 회사에 대해 알아보도록 하자. 이 회사의 이름은 보통 사람들에겐 거의 외계어 수준으로 낯설다. 들어볼 기회가 전혀 없기 때문이다. 기계 엔지니어들이나 겨우 한두 번 들어봤을 정도다. 사실 기계공학을 공부한 적이 있다고 해서 저절로 이 회사에 대해 알게 되는 것도 아니다. 그 정도로 베일에 싸여 있다. 하지만 이 회사는 엔지니어링의 일본, 일본의 엔지니어링 저력을 상징한다.

이 회사의 연구소와 공장, 그리고 본사는 모두 일본에 있다. 좀 더 정확하게는 일본에만 있다. 그것도 후지산 기슭의 야마나시 현 미나미쓰루 군에 모두 모여 있다. 야마나시 현은 도쿄 서쪽에 위치한 곳으로, '가이의 호랑이'라는 별칭으로 불렸던 일본 전국시대의 무장 다케다 신겐의 본거지기도 하다. 사실 공장과 연구소가 지방에 위치하는 건 별로 놀랄 일은 아니다. 번화한 도시 한가운데에 넓은 공장 부지를 구하기가 쉽지 않기 때문이다.

하지만 본사가 도쿄 같은 수도나 적어도 지방의 대도시에 위치하지 않는 것은 드문 일이다. 이 회사도 원래는 모든 게 도쿄에 위치해 있었다. 그랬던 것을 회사 창립 5년이 지난 시점부터 차례차례 이전하여 나중에는 영업 조직이 있는 본사까지 싹 이곳으로 옮겨버렸다. 총 12년의 천도 기간이었다. "왜 야마나시 현인가? 회사 사진을 찍을 때 배경에 후지산이 나오도록 하려고 그랬던 것 아닌가?" 하는 질문에 창업자는 딱히 아니라고 부인하지 않았다. 후지산이 어떤 산인가, 바로 일본인들의 정신적 지주와도 같은 영산이 아닌가.

이제 이 회사의 이름에 대해 얘기해보도록 하자. 영어 두문자어인 회사의 공식 명칭은 FANUC이다. 이걸 영어 그대로 읽으면 '홰눅'으로 발음되며 미국인들은 이런 식으로 읽는다. 반면 일본 문자로는 '화나꾸'로 쓴다. 한편 우리나라에서는 이 회사에 대해 '파낙'이라고도 써왔다. 완전 제각각이지만 어느 게 더 옳다 그르다고 말하기는 쉽지 않다. 이 책에서는 일본어 발음을 최대한 반영하여 '화낙'이라고 부르려 한다. 이 회사는 후지산의 정기를 받아온 일본 회사니까.

화낙은 수치제어(Numerical Control; NC) 공작기계와 산업용 로봇을 만드는 회사다. 어렵게 설명하려면 한도 끝도 없이 어렵게 얘기할 수 있지만 쉽게 설명하도록 하자. 단적으로 말해 기계를 만드는 기계 혹은 기계를 만드는 로봇을 만드는 회사로 이해하면 된다.

그게 무슨 대수로운 일이냐고 생각할지도 모른다. 기계 따위야 100년도 더 된 지루한 분야 아니냐고 생각할 수도 있다. 기계라고 하면 3D, 즉 더럽고(Dirty), 위험하고(Dangerous), 어려운(Difficult) 장치의 대명사인, 윤활유가 이리저리 튀는 선반이나 드릴 등의 공작기계가 떠오르는 게 우리 수준이다. 손에 기름 묻히는 건 아랫것들이나 하는 일이라는 식의 전근대적 인식이 깔려 있다. 그 손에 기름 묻히는 걸 통해 영국, 독일, 미국, 일본, 중국 등이 차례로 세계의 강국이 됐다는 사실을 애써 보려 하지 않는 것이다.

세계적인 IT 기업인 애플과 삼성은 개인 소비자들을 제외하면 그 어느 누구에게도 굽실거릴 이유가 없다. 시쳇말로 '갑 중의 갑'인 것이다. 그러나 이들도 화낙에는 큰 목소리를 낼 수 없다. 왜냐하면 화낙이 로봇을 제공하지 않으면 아이폰이나 갤럭시의 매끈한 케이스를 만들 방법이 없기 때문이다. 스마트폰의 케이스는 알루미늄을 절삭 가공하여 만드는데, 다른 회사의 산업용 로봇으로는 화낙 로봇만큼의 정밀도와 효율이 나오지 않는다. 그래서 애플의 스마트폰을 생산하는 홍하이정밀공업은 대당 1억 원이 넘어가는 화낙의 로봇을 10만 대 이상 구매해야 했다. 이것만으로도 10조 원이 넘는다. 삼성도 마찬가지였다. 다른 대안을 열심히 찾아보았지만 애플처럼 화낙의 로봇을 약 2만 대나 살 수밖에 없었다.

요즘 제일 잘나가는 회사 중의 하나인 테슬라 모터스도 화낙의 영향력으로부터 벗어날 수 없다. 테슬라는 도요타와 GM이 합작으로 설립했다가 버린 누미라는 회사를 사들여 전기차를 생산하는데, 거의 모든 자동차회사들이 그러하듯 이 공장에도 화낙의 로봇이 쫙 깔려 있다. 사실 테슬라 모터스가 화낙의 로봇을 사용한다는 건 그렇게 놀랄 일은 못 된다. 그보다는 테슬라가 이 사실을 자랑하듯 자사의 페이스북에 올렸다는 게 흥미로운 점이다. 화낙의 별명 중 하나인 '작은 연못의 큰 개구리'라는 말처럼 화낙은 일본이라는 나라를 넘어섰다.

한편 화낙은 지독한 비밀주의를 지향한다. 숨겨진 비교(秘敎) 집단 같은 화낙의 분위기를 제대로 느끼려면 후지산 자락의 화낙 단지를 방문해봐야 한다. 하지만 일반인이 그곳에 들어갈 방법은 사실상 없다. 보안이 워낙 철저한 탓이다. 혹시라도 기업 비밀이 새나갈까 봐 화낙은 이메일도 거의 쓰지 않는다. 그럼 어떻게 고객이 화낙과 연락을 주고받을 수 있을까? 유일한 방법은 팩스를 이용하는 거다. 기자들이 취재를 원해도 응하지 않는다. 이 또한 비밀 유지를 위해서다. 그래도 회사가 설립된 지 40년이 넘었기에 그동안 화낙 단지에 가봤던 사람들이 남긴 기록이 아예 없지는 않다. 이런 조각난 기록들을 모아보면 어느 정도 그 그림을 그려볼 수 있다.

화낙 단지는 해발 1,000m 정도의 고도에 위치해 있다. 제일 먼저 눈에 띄는 것은 온통 노란색 천지라는 점이다. 옅은 베이지색이 아니라 호박벌을 연상시키는 짙은 금색이다. 회사 차, 회사 헬기, 회사 건물, 회사 유니폼 등 생각할 수 있는 모든 것이 다 노란색이다. 그래서 일부 사람들은 화낙을 가리켜 '황색 페티시' 집단이라고도 부른다.

왜 하필 노란색일까? 여러 설이 있지만, 창업자가 그냥 그 색을 좋아해서 그렇게 됐다는 설이 유력해 보인다. 그는 어떤 인터뷰에서 자신은 몽고의 황제 칭기즈칸을 존경하는데 금색은 바로 그런 황제의 색깔이라 좋다고 얘기한 적이 있다. 실제로 화낙은 자신의 사업 분야에서 칭기즈칸처럼 세계를 제패한 황제다. 이유가 무엇이건 간에 화낙의 금색 사랑은 설립 이래로 기계를 만드는 로봇에만 집중해온 회사의 역사와 닮아도 너무 닮았다. 문어발식 확장이라든지 사업다각화라든지 하는 건 화낙의 사전에 존재하지 않는다. 색깔도 하나를 좋아하면 그것 하나만 쓴다.

노란색에 익숙해질 때쯤이면 다른 게 눈에 들어온다. 공장에 사람이 거의 없다는 점이다. 화낙 단지에 있는 6개의 공장 중 핵심적인 2개 공장에는 아예 사람이 없다. 모든 것이 자동화되어 있기 때문이다. 즉 화낙은 산업용 로봇을 이용해 또 다른 산업용 로봇을 만든다. 이러한 자기 회귀적인 모습은 네덜란드의 판화가 마우리츠 에셔의 기묘한 작품들을 연상시킨다. 로봇만이 존재하는 미래적 세상, 그게 화낙의 공장이다. 화낙의 보안에 대한 병적 집착은 앞에서 얘기한 대로다. 그런 화낙의 100만 제곱미터가 넘는 단지에 수위와 경비는 고작 3명이다. 이마저도 일종의 자동화 로봇이 담당하고 있어서다.

일본은 원래 로봇 강국이었다. 특히 로봇에 대한 일반인들의 관심이 남다르다. 〈공각기동대〉라든지 〈에반게리온〉 같은 애니메이션이 인기를 끌 수 있었던 것은 그러한 작품을 소화할 수 있는 탄탄한 소비자층이 일본 내에 있기 때문이다. 에반게리온 같은 로봇을 실제로 만들 수 있는 게 언제일지 알기는 어렵다. 하지만 한 가지 사실에 대해서는 꽤 확신할 수 있다. 가까운 장래에 만들게 된다면 바로 화낙의 로봇으로 만들게 될 것이라는 점이다.

미 공군으로 인해 개발된 수치제어를
장악한 후발주자

공장에서 하나의 제품이 생산되려면 크게 보아 부품을 만드는 과정과 그 부품들을 조립하는 과정을 차례로 거쳐야 한다. 부품을 만드는 과정을 보통 '머시닝(machining)', 즉 우리말로 '기계가공'이라고 부르며, 여기에는 원하는 수치대로 깎고, 연마하고, 구멍 뚫는 등의 작업을 수행하는 공작기계가 필수적이다. 이어 부품을 조립하는 과정을 보통 '어셈블리(assembly)'라고 하는데, 사람이 직접 수행할 수도 기계가 대신할 수도 있다. 조립에 사용되는 기계를 보통은 산업용 로봇이라고 부르며, 자동차

조립라인에서 로봇 팔 같은 것이 휙휙 돌아가면서 차체를 용접하는 용접 로봇이 대표적이다.

그런데 화낙이 실현하고자 하는 궁극적인 목표는 공장 자동화다. 공장 자동화란 다시 말해 공장 내에서 일하는 사람의 수를 최소화하겠다는 뜻이다. 그러려면 조립을 수행하던 사람을 산업용 로봇으로 대치해야 하고, 또 사람이 직접 작동시키던 공작기계가 일종의 로봇처럼 사람 없이 혼자서 작업을 수행할 수 있어야 한다. 만들고자 하는 부품이나 완성품의 수치 정보만 주면 그걸 바탕으로 기계가 필요한 작업을 자동적으로 수행할 능력을 가져야 하는 것이다.

이러한 능력에 대한 테크놀로지를 '수치제어'라고 부른다. 거의 모든 새로운 테크놀로지가 그러하듯이 수치제어도 원래는 군사적 목적으로 개발됐다. 제2차 세계대전이 끝나고 2년 후인 1947년 미 육군 산하의 일개 부대에 불과했던 육군항공대는 확대 개편되어 미 공군으로 독립하게 됐다. 기존의 육군과 해군에 비해 역사는 짧지만 의욕만큼은 하늘을 찌를 듯했던 미 공군은 시기적으로도 냉전과 제트항공기 시대의 시작이 맞물리면서 기계 가공을 획기적으로 혁신하기를 간절히 원했다.

1949년 미 공군은 우연한 계기로 공작기계 제조사였던 파슨스 코퍼레이션에 수치제어를 통해 절삭가공이 가능한 공작기계에 대한 프로젝트를 주고 자금을 지원하였다. 회사 창업자의 아들인 존 파슨스는 헬리콥터 로터를 제조하다가 이러한 아이디어를 갖게 됐지만, 이를 구체적으로 실현하기 위한 자금이 충분하지 못했다. 헬리콥터 로터의 표면은 단순한 평면이 아니고 복잡한 자유곡면에 가깝다. 로터 단면이 특정한 곡면 형상을 가질수록 로터의 항력 성능이 좋아지기 때문이다. 하지만 테크니션들이 일일이 공작기계를 돌려 그러한 곡면 형상을 만들어낸다는 건 말은 쉬워도 실제로는 까다롭기 그지없는 일이었다.

파슨스가 받은 프로젝트에서는 공작기계를 제어할 장치가 필요했다. 파슨스는 IBM에 천공카드 입력기로 작동하는 기기를 개발시킬 계획이었다. 당시만 해도 아직 컴퓨터의 초창기라 현재의 키보드나 마우스는 존재하지도 않았고, 컴퓨터 같은 장치에 일을 시키려면 카드에 구멍을 뚫은, 이른바 천공카드를 통해 수행해야 하던 시절이었다.

그런데 일이 이상하게 꼬여버렸다. IBM이 기기 개발을 거부해버린 것이었다. 파슨스가 IBM의 대안을 찾는 과정에서 미국 보스턴에 위치한 MIT가 끼어들었다. 결국 미 공군, 파슨스, 그리고 MIT가 관련된 프로젝트가 1949년 7월부터 1950년 6월까지 만 1년간 체결됐다. 프로젝트의 공식 명칭은 '카드 작동 방식의 밀링 머신'으로, 파슨스의 밀링 머신에 장착할 1대의 시제품 컨트롤러와 1대의 양산품 컨트롤러를 제작하는 거였다. 밀링 머신은 평면을 깎을 때 쓰는 대표적인 공작기계 중의 하나다.

그런데 파슨스로서는 어이없는 일이 벌어졌다. 1950년 MIT가 파슨스의 아이디어를 바탕으로 파슨스를 제쳐놓고 미 공군과 일대일로 다른 프로젝트를 맺어버렸던 것이다.

길게 설명했지만, 수치제어라는 테크놀로지를 최초로 개발한 미국은 이를 군사 목적으로 한정하여 쓰기를 원했다. 다시 말하자면 군사 기밀에 가까웠다. 여기에는 노조 활동이 강했던 테크니션이나 머시니스트(machinist), 즉 숙련공들을 효과적으로 통제하려는 미국의 군수 산업계와 미 군부의 의도가 개입되어 있었다고 볼 수 있다. 숙련공들의 기술을 작업장으로부터 빼앗아 사무실로 옮기려 했던 것이다.

그러니 제일 처음 개발해놓고도 미국의 수치제어는 그다지 널리 퍼지지 못했다. 1952년에 개발에 성공한 MIT는 이후 무려 15년간 관련 테크놀로지를 열심히 홍보했지만 민간 공작기계업체들은 도통 관심을 보이지 않았다. 미국의 수치제어는 하드웨어적이기보다는 소프트웨어적이었고, 그래서 너무 비쌌다. 원래 군수 산업계는 비용에 별로 개의치 않고 성능에만 관심을 쏟는 경향이 있다. 국가와의 특수 관계로 인해 비용이 얼마가 되든 이를 보전해주고 또 그 비용의 일정 비율을 이익으로 가져갈 수 있으니, 그들의 관점으로 보자면 비용은 높으면 높을수록 좋은 것이다.

미국 다음으로 수치제어를 개발한 건 당시의 서독, 즉 독일이었다. 독일의 수치제어는 미국의 수치제어와는 또 다른 특성을 갖고 있다. 독일은 전통적으로 마이스터라고 불리는 기술 장인들이 사회적으로 인정과 존경을 받는 나라로 숙련공들이 갖고 있는 권한도 매우 크다. 그래서 독일에서는 숙련공들의 기술을 체계화하는 데 수치제어가 사용됐다. 전통적으로 정밀 가공에 일가견이 있는 독일은 개별적인 특수 목적에 부합하는 테크놀로지를 선택적으로 개발했다.

이에 따라 독일의 수치제어는 확실히 미국보다는 광범위하게 민간 부문에서 채용됐다. 가격도 미국보다 당연히 쌌다. 대신 각각의 회사별로 특수 목적을 강조하다 보니 범용성은 아무래도 떨어졌다. 하지만 수치제어 자체가 숙련공을 대치하는 게 아니라 숙련공을 도와주는 입장이다 보니 범용성의 부재가 독일에서는 큰 문제로 느껴지지 않았다.

일본은 당연히 미국이나 독일보다 수치제어를 늦게 시작했다. 그것도 한참 늦었다. 일본의 수치제어의 연원을 따라 올라가다보면, 캘리포니아 버클리 대학 교수였던 다카하시 야순도를 만날 수 있다. 그는 1956년 일본 후지쓰의 초청을 받아 세미나를 열었는데, 이 자리에서 수치제어 밀링 머신에 대해 소개한 것이 그 시발점이었던 것이다.

여기서 잠깐, 화낙의 회사 이름에 대해 좀 더 자세히 설명해보도록 하자. 화낙은 Fuji Automatic NUmerical Control의 알파벳 앞 글자들을 적당히 모아서 만든 단어다. 풀어쓴 회사명을 보면 자동수치제어를 하는 후지 관계사임을 알 수 있다. 원래 후지전기에서 분사한 후지통신, 즉 현재의 후지쓰는 통신을 주 사업영역으로 갖고 있었다. 그런데 다카하시의 세미나에 자극을 받은 기술담당 상무가 "앞으로는 3C의 시대가 온다."라며 기존의 통신(communication) 외에 컴퓨터(computer)와 제어(control)를 새로운 사업영역으로 추가하기로 결정했다. 그러고는 회사 내에서 전도유망한 한 명의 전기 엔지니어와 한 명의 기계 엔지니어를 선발하여 각각 컴퓨터와 제어를 담당하도록 했다. 이때 선발된 기계 엔지니어가 바로 화낙의 창업자다.

원래 수치제어는 복잡한 형상을 갖는 부품을 가공하기 위해 개발됐고, 선발주자였던 미국과 독일은 딱 거기서 멈췄다. 그러나 후발주자였던 화낙은 그보다는 자동화라는 측면에 좀 더 주목했다. 기본적으로 제2차 세계대전의 패전국이었던 일본에겐 복잡한 가공이 필요한 군수산업이 없다시피 했다. 그리고 전후 경제개발 과정에서 숙련공의 수가 부족하여 이를 메워줄 자동화, 그네들의 용어를 빌리자면 이른바 생력화(省力化)의 필요성이 절실했다.

결국 이는 화낙 특유의 범용적 수치제어 테크놀로지의 밑거름이 됐다. 원래 공작기계산업은 전형적인 다품종 소량생산 업종이었다. 주문 생산에 의존해야 하기 때문에 경기 변동에 굉장히 민감하게 반응하는 특성이 있었고, 또 그로 인해 표준화 등을 통한 대량생산에 한계가 있었다. 그러한 제약에 굴하지 않고 화낙은 차곡차곡 관련 테크놀로지를 쌓아 현재 전 세계 수치제어 공작기계 시장의 50%를 장악하고 있다. 말할 것도 없는 세계 1위다.

도쿄 대학에서 대포 설계를 배운 고집쟁이, 산업용 로봇의 황제가 되다

화낙의 창업자면서 오랜 기간 동안 회사를 키워온 기계 엔지니어는 이나바 세이우에몬이다. 이나바는 1925년 일본의 이바라키 현 출생으로, 도쿄 대학을 졸업한 뒤 1946년 후지통신에 입사하여 1955년까지 공장에서 근무했다. 이 시절의 이나바는 강단이 있어 부당하다고 생각되면 상사의 지시라고 하더라도 무조건 따르지 않는 걸로 유명했다. 좋게 말하면 자부심이 강한 엔지니어였고, 나쁘게 말하면 다루기 어려운 고집불통이었다. 보통, 회사에서 이런 식으로 행동하다간 눈 밖에 나서 이리저리 채이기 십상이다. 하지만 당시 후지통신에는 그걸 오히려 좋게 봐주는 임원들이 있었다. 운이 좋았다고 볼 수도 있고, 후지통신쯤 되는 회사다 보니 그게 가능했다고 볼 수도 있다.

이나바의 성격을 엿볼 수 있는 일화로 다음과 같은 것이 있다. 후지통신의 시모다테 공장에서 계장으로 일하던 1940년대 말, 이나바의 고향인 이바라키 현의 지역신문 《이바라키 신문》에 용접사 시험의 합격자 명단이 발표됐다. 시모다테 공장은 이바라키 현 근방에 위치했던 터라 합격자 명단이 신문에 난 건 자연스러운 일이었다.

그런데 그 명단에 바로 이나바 세이우에몬이라는 이름이 포함되어 있었다. 사람들은 깜짝 놀랐다. 도쿄 대학을 졸업한 공학사가, 그것도 현직 공장 계장이 용접사 시험을 본다는 건 생각하기 어려운 일이었던 것이다. 이나바의 부친도 그 소식을 듣고는 아들을 나무랐을 정도였다. 사실 지금 기준으로 생각해보면 해서는 안 될 일을 한 거라고 보기는 어렵다. 누구든 간에 자신이 필요로 하는 능력을 갖추겠다고 하는 건 오히려 칭

찬반아야 마땅한 일이니까. 하지만 당시 일본에서는 엘리트 중의 엘리트인 도쿄 대학 졸업자가 테크니션들이 주로 갖는 자격을 갖겠다고 하는 것 자체가 파격적인 일이었던 것이다.

사정은 이랬다. 계장이라는 직위는 공학사로서는 제일 낮은 직위였지만 그래도 한 파트의 책임자였다. 그런데 용접할 때 필요한 고압산소의 관리는 용접사인 현장 직장의 책임하에 있었다. 이나바는 이게 마음에 들지 않았다. 그래서 "왜 당신이 고압산소의 안전관리자 노릇을 하느냐, 이 파트의 책임자는 나다." 하고 나이 많은 직장에게 따져 물었다. 그러자 다음과 같은 대답이 돌아왔다.

"안전관리자는 용접사 자격이 있는 사람만 할 수 있도록 정해져 있소. 계장은 대졸이긴 하지만 용접사는 아니잖소?"

보통은 이런 대답을 들으면, 그냥 물러서고 만다. 하지만 이나바는 '틀린 말은 아니군.' 하고 생각했다. 필기는 대학 때 배운 내용이므로 크게 문제될 게 없었지만, 실기가 관건이었다. 이나바는 불을 꺼트려가면서 연습한 끝에 결국 합격할 수 있었다. 이 일화는 실력을 중시하고, 남들이 꺼리는 길도 본인이 가야겠다고 결심하면 주저 없이 실행하는 이나바 성격의 단면을 잘 보여준다.

1956년 12월 악전고투 끝에 이나바는 담당 엔지니어로서 수치제어 프레스 기계를 만드는 데 성공했다. 하지만 아직 완벽한 건 아니었다. 박람회에 이 기계를 들고 나갔지만 막상 시연 때는 작동하지 않았던 것이다. 대외적인 행사에서 회사 망신을 톡톡히 시킨 셈이었다. 보통의 기업에서라면 이를 빌미로 좌천이나 심하면 징계까지도 받을 수 있는 상황이었다. 그러나 후지쓰는 이를 나무라지 않았다. 어차피 새로운 테크놀로지 개발이란 성공이 보장된 일이 아닌 법. 오히려 이나바를 1958년 6월, 신설된 조직인 전자기술부 자동제어과의 과장으로 임명했다. 일본 회사에서 입사 12년 만에 과장이 되는 건 대단한 출세였다.

이나바는 과장이라는 직위에 안주하지 않았다. 오히려 자신에게 채찍질을 더 가했다. 박사과정에 입학하여 일과 공부를 병행했던 것이다. 41세가 되던 해인 1965년 「전기유압펄스모터를 사용한 수치제어계」라는 논문으로 도쿄 공업대학에서 기계공학 박사학위를 받았다. 참고로 도쿄 공업대학은 도쿄 대학과는 별개의 대학으로, 영문으로도 도쿄 공업대학은 Tokyo Institute of Technology로 불려 도쿄 대학의 영문명 University of Tokyo와 서로 다르다.

이나바가 이끌어나가는 후지쓰의 자동제어 사업은 착실하게 성장을 거듭했다. 그러나 이나바와 같은 시기에 과장으로 승진된 라이벌이 거둔 성과에 비해서는 초라했다. 앞에서 3C를 얘기하면서 거론했던, 컴퓨터를 책임졌던 전기 엔지니어인 이케다 도시오 얘기다. 아무래도 전통의 통신 부문이나 이미 매출의 50% 이상을 담당하게 된 이케다의 컴퓨터 부문에 비해 연간 매출액 500억 원 규모의 수치제어 부문은 확실히 작았다.

그 결과 후지쓰는 1972년 수치제어 부문을 분사했다. 사장은 후지쓰의 고라 사장이 겸직하지만 실제의 경영은 당시 정보처리본부 차장 겸 계산제어 기술부장이었던 이나바가 전무로 승진해 책임지는 구도였다. 이렇게 수치제어 부문을 분리시킨 후지쓰의 속마음은 자신들은 컴퓨터 분야에 전력투구하는 거였다. 쉽게 말해 '너희에게 더 이상 기대가 없으니 모회사가 통신 및 컴퓨터 전문기업으로 훨훨 날 수 있도록 떨어져나가 달라.'는 거였다. 이나바는 이를 치욕이라 여겼다. 그러나 "기업은 이익 없이는 존재할 수 없다."는 고라 사장의 충고는 따끔했다. 이나바는 이를 마음속 깊이 새겼다.

엎친 데 덮친 격으로 1973년 제1차 석유파동이 벌어졌다. 화낙의 최대 위기였다. 하지만 1974년에 부사장, 1975년에 사장으로 승진한 이나바는 남다른 결단력으로 위기를 헤쳐나갔다. 후지쓰 시절부터 '지옥부대'라고 불렸던 이나바의 수치제어 부문은 화낙으로 분사되자 이제는 '이리 집단'이라고 불리게 됐다. 이나바가 부하직원들에게 "이리가 되라."고 자주 말하는 탓이었다. 이리처럼 눈을 부릅뜨고 먹이를 향해 돌진하는 칭기즈칸의 모습을 닮으라는 거였다. 그는 이를 두고 다음과 같이 당당하게 말했다.

"나는 항상 전력투구해왔다. 그래서 부하에게도 똑같은 것을 항상 요구한다."

화낙을 세계 최고의 공장 자동화 회사로 키워낸 이나바는 2003년에 이스즈 자동차에서 근무하던 아들 이나바 요시하루를 사장으로 불러들이고 본인은 회장으로 한 발 물러섰다. 미국적 관점으로 보자면 상당히 이상한 일이었다. 왜냐하면 창업자라고는 해도 아버지 이나바가 소유한 화낙 주식의 비율은 고작 0.0019%에 불과하기 때문이었다. 아들 이나바의 사정은 더욱 심했다. 그가 소유한 화낙 주식은 아버지의 1/9에 불과했다. 그럼에도 불구하고 회사를 승계한 거였다.

현재의 CEO인 아들 이나바도 엔지니어다. 그는 도쿄 공업대학 기계공학과를 졸업했고 도쿄 대학 정밀기계공학과에서 박사 학위를 받았다. 심지어 손자인 이나바 기요노리도 엔지니어로서 화낙에서 일하고 있다. 화낙의 3개 사업부 중 하나인 로봇사업부를 책임지고 있는 전무다. 한편 화낙의 최대주주는 39%가 넘는 주식을 보유한 후지쓰와 후지전기지만 화낙의 일에 개입할 생각은 추호도 없다. 화낙이 지금의 화낙이 된 건 전적으로 아버지 이나바의 공이기 때문이다. 일본 기업이긴 하지만 이런 부분은 '멋있다'고 느끼지 않을 수 없다.

노란색 외골수라는 이미지가 있지만, 창업주 이나바가 평상시에 좋아하는 색은 푸른 남색이라고 한다. 이렇게 보면 남색과 금색 조합에 대한 애정이 이나바의 진짜 속마음이었을지도 모른다. 블루와 골드, 그러면 생각나는 것이 하나 있다. 바로 캘리포니아 버클리 대학교를 상징하는 색 조합이다. 블루는 캘리포니아의 하늘과 바다를, 골드는 골든 스테이트로서의 캘리포니아를 상징한다.

그러고 보면 다카하시 교수를 시작으로 생긴 이나바와 이 학교와의 인연은 남다르다. 1990년대에 한참 화낙이 엔고로 고생하고 있을 때 '화낙-버클리 연구소'를 학교 인근에 세웠다. 앞선 테크놀로지의 지속적인 개발을 통해 난국을 정면 돌파했던 것이다.

서보모터는 모든 로봇의
성능을 좌우하는 핵심 요소

로봇이란 무엇일까? 여러 가지 정의가 가능하겠지만 우선은 사람의 직접적인 조작 없이 혼자서 자동적으로 일을 하는 기계 정도로 이해해보자. 그러면 일정한 크기의 전류를 흘려보내면 회전하는 전기모터도 로봇이라고 볼 수 있을까? 이때 전기모터는 전류의 크기에 일방적으로, 즉 수동적으로 반응할 뿐이고 스스로 뭔가를 조절하지는 않기 때문에 위의 정의대로라면 기계는 맞지만 로봇이라고 보기는 어렵다.

이런 유의 로봇 아닌 기계 장치도 제어의 대상이 될 수는 있다. 모터를 빨리 돌리고 싶으면 전류를 세게 흘려보내고 반대로 천천히 돌리고 싶으면 전류를 줄이는 거다. 이런 방식의 제어를 '오픈 루프 제어', 즉 '개방 회로 제어'라고 부른다. 1을 집어넣으면 0.5가 나오고, 2를 집어넣으면 1이 나오는 식이다. 시스템이 단순할 때는 이런 방식도 충분히 유용하다.

그렇지만 위처럼 단순하지 않은 상황도 얼마든지 존재한다. 가령 옛날에 쓰던 물시계를 생각해보자. 물시계가 작동하는 방식은 이렇다. 먼저 물이 저장되어 있는 통이 있고, 그 통의 아래쪽에 구멍이 있어 물이 흘러나온다. 그렇게 흘러나온 물이 시계를 돌려 시간을 표시하는 거였다.

그런데 여기엔 근본적인 문제점이 있었다. 시계를 돌리는 물이 빠져나감에 따라 물통의 물은 계속 줄어든다. 그러면 수압이 낮아지고 흘러나가는 물의 속도가 점점 느려진다. 유일한 해결책은 하인을 시켜 옆에서 물통을 보고 있다가 물이 너무 줄어들었다 싶으면 다시 물을 채우게 하는 거였다. 하지만 하인은 절대로 주인 뜻대로만 움직이지 않는다. 감시받지 않는 한 제멋대로 행동하는 게 사람의 본성이다. 그렇다고 하인을 감시하는 두 번째 하인을 배치할 수도 없는 노릇이었다.

이 문제를 해결한 최초의 사람으로 역사는 기원전 3세기 알렉산드리아에 살던 크테시비오스를 기억하고 있다. 원래 이집트에서 이발사 일을 하던 그는 나중에 프톨레마이오스 2세의 고위 관리로 임명됐고, 펌프, 여러 종류의 투석기, 물로 작동하는 오르간, 그리고 압도적인 정확도의 물시계를 만들어냈다. 당시 그의 드높은 명성은 같은 시기에 활동했던 전설적 엔지니어 시라쿠사의 아르키메데스와 어깨를 나란히 할 정도였다.

그가 만든 물시계에는 물통의 물을 '자동적으로', 즉 인간의 개입 없이 스스로 조절하는 기구가 설치되어 있었다. '레귤라(regula)'라고 불리는 이 장치는 깔때기와 그 깔때기에 정확히 끼울 수 있는 원뿔로 구성됐다.

물통 위쪽에 연결되어 있는 깔때기에 물이 충분히 차 있을 때에는 물보다 가벼운 원뿔이 위로 떠올라 깔때기 위쪽에 있는 물이 흘러 들어오는 관을 막는다. 이렇게 되면 깔때기로

공장 자동화를 구현하게 만드는 화낙의 수치제어 프로그램

더 이상 물이 유입되지 않는다. 그렇지만 깔때기 아래로 흘러나가는 물이 항상 있기 마련이므로 조금 있으면 원뿔이 저절로 아래로 약간 내려간다. 그러면 다시 깔때기로 물이 흘러 들어온다. 물통 속 물의 양이 일정하도록 자기 자신을 제어할 수 있는 능력을 가졌던 것이다. 후대의 한 언론인은 이 장치를 두고 '생물학의 영역 밖에서 탄생한 최초의 자아'라는 이름을 지어주기도 했다.

이러한 장치의 본질은 바로 피드백, 즉 되먹임 효과를 통해 원하는 목표 값에 수렴하도록 하는 능력에 있다. 내가 원하는 출력이 1이라고 할 때, 우선 적당한 입력을 줘보고 어떤 출력이 발생되는지를 관찰한다. 관찰된 결과가 1보다 작다 싶으면 입력을 좀 더 키우고 반대로 1보다 크면 입력을 조금 줄인다. 그렇게 조금씩 조절하여 결국 1의 출력을 얻을 때까지 입력을 조절하는 것, 그것을 '폐쇄회로 제어'라고 부른다. 사람이 외부에서 이러한 과정을 직접 수행하는 것도 일종의 폐쇄회로 제어긴 하다. 다만, 로봇의 경우 사람 대신 기계 스스로 이런 조절을 하게 하자는 거다.

이른바 서보모터는 이러한 폐쇄회로 제어를 구현하는 핵심적인 장치다. '서보'라는 말이 대부분의 사람들에게 굉장히 낯설게 들릴 것이다. 기계공학을 공부한 사람 중에도 그 정확한 의미를 모르고 쓰는 경우가 드물지 않다.

서보(servo)는 라틴어 세르부스(servus)에서 유래된 말이다. 세르부스는 하인, 농노, 노예 등을 뜻했다. 영어의 서비스라는 단어도 같은 어원을 갖고 있다. 그래서 어원적 의미는 '하인에 의해', '시중을 드는', 혹은 '도와주는' 정도로 보면 된다. 앞의 물시계의 예에서 물의 양을 지켜보면서 필요할 때마다 물을 더 붓는 하인을 지칭한다고 이해할 수 있다. 즉 서보모터는 출력 결과를 입력으로 되먹임시킴으로써 목표로 하는 결과를 얻을 수 있는 전기모터다. 보통 서보모터라고 하면 전기모터 자체만을 지칭하는 것이 아니고 폐쇄회로 제어를 수행하는 제어기까지 포괄한 개념이다.

서보모터가 무엇인지 알게 되면, 왜 이게 로봇에서 핵심적인 요소인지 자명해진다. 가령 용접 로봇을 생각해보자. 도면에 나와 있는 대로 용접이 이뤄지려면 로봇 팔 끝에 달린 용접기가 바로 그 정확한 지점에 위치해야 한다. 그런데 로봇 팔을 회전시키는 모터에 일방적으로 얼마간의 전류를 흘려보낸다고 해서 필요한 만큼의 회전각을 얻을 수 있는 게 아니다. 원하는 위치에 도달할 때까지 끊임없이 입력 전류를 조절하면서 피드백 제어를 해야만 가능한 것이다.

사실 화낙은 바로 이 서보모터에 대해서도 남다른 테크놀로지와 노하우를 보유하고 있다. 컴퓨터를 이용하는 수치제어 테크놀로지와 서보모터의 두 가지에 화낙은 집중해왔고, 그 결과로서 오늘날 공장 자동화와 산업용 로봇으로 유명한 세계적인 회사로 성장할 수 있었던 것이다.

경영자로서 이나바의 과감한 결단력은 바로 이 서보모터에 얽힌 일화를 통해서도 알 수 있다. 제1차 석유파동 때 화낙의 수치제어 공작기계에 대한 주문이 격감하기 시작했다. 왜냐하면 화낙이 사용하던 서보모터가 전기유압모터였기 때문이다. 전기유압모터의 작동에 다량의 기름이 필

요한 데다 전기도 엄청나게 소모되는
탓에 유가가 급등하자 고객들이 화낙
의 제품을 꺼리게 됐던 것이다.

'기름값이 비싸서 문제가 되면,
보통의 전기모터를 쓰면 되는 거 아니
야?'라고 생각할지도 모른다. 하지만
이는 그렇게 간단한 문제가 아니었다.

폐쇄회로 제어를 구현하는 핵심 장치인 화낙의 서보모터

공작기계로 가공하는 부품들의 재료
는 대개 철이라 단단했다. 단단한 쇠를 깎아내려면 상당한 힘이 필요했
고, 힘을 증폭시키는 데에는 유압 장치만 한 게 없었다. 이는 지금도 마
찬가지다. 가령 시동이 걸린 상태에서 자동차 운전대는 너무나 쉽게 돌
아가지만 시동이 꺼지면 웬만큼 힘을 줘도 꿈쩍도 하지 않는다. 무거워서
안 돌아가는 걸 유압장치가 힘을 키워주기 때문에 손쉽게 돌릴 수 있는
것이다.

이나바는 우선 화낙 자체적으로 이러한 대마력 전기서보모터를 개발
할 수 있는지 알아보고 싶었다. 1974년 1월 그는 연구소에 개발을 지시하
면서 개발 기한은 5월 말로 못을 박았다. 엔지니어들은 개발에 혼신의 노
력을 기울였다. 기한의 마지막 날인 5월 31일, 화낙의 엔지니어들은 겨우
시제품을 완성시켰다.

그러나 이나바가 보기에 기준 미달이었다. 소리와 진동이 너무 커서
이대로는 자사의 공작기계에 채용할 재간이 없었다. 또 이러한 문제를 해
결하기 위해 추가 개발을 한다고 하더라도 만족스러운 전기모터가 언제
개발될지는 아무도 몰랐다. 이나바는 시운전 후 엔지니어들에게 수고했
다며 격려했다. 그러고는 자신의 방으로 돌아와 혼자서 고민에 고민을 거

듭했다.

다음날, 이나바는 곧바로 미국행 비행기에 몸을 실었다. 당시 전 세계에서 직류서보모터를 제조하는 회사는 다섯 곳에 불과했다. 같은 해 7월, 화낙은 그중 한 회사였던 게티스의 직류서보모터를 10년간 사용하기로 계약을 맺었다.

화낙의 엔지니어들은 분통을 터트렸다. 천신만고 끝에 개발한 자신들의 시제품이 헌신짝처럼 버림을 받았다고 느꼈기 때문이었다. 그러나 이나바는 꿈쩍도 하지 않았다. "경영자는 변화해야만 하는 존재다." 하고 부하들에게 일침을 놓았다. 이러한 서보모터의 교체는 화낙의 존속을 걸고 벌인 건곤일척의 한판 승부였다. 결과는 대성공이었다. 이나바가 주저했거나 미련을 버리지 못하고 자체 개발을 계속했다면 아마도 지금 우리가 아는 화낙은 없었을지도 모른다.

테크놀로지 지향의 제일주의와
35% 이익률 추구의 환상적 조합

비즈니스 전략의 관점에서 화낙의 지향점은 두 가지다. 첫째는 테크놀로지에 최우선적 가치를 부여하며, 이를 통해 자신의 분야에서 1등이 되고자 하는 것이다. 이를 화낙 내부에서는 '테크놀로지 중시'라고 부른다. 둘째는 35%의 영업이익률을 목표로 한다는 점이다.

사실 첫 번째의 목표를 표방하는 기업은 비단 화낙뿐만이 아니다. 웬만한 기업들은 립 서비스일지언정 모두 다 첨단 테크놀로지를 중요시한다고 말한다. 그런데 같은 말을 해도 그 정도와 수준이 다르다. 이른바 돈이 된다는 분야에 한눈팔지 않고 50년 넘게 한 우물만 우직하게 파온 화낙과 돈 좀 벌었다 싶으면 시류를 좇아 이것저것 손대는 기업들 사이에는 양적인 차이를 넘어선 질적인 차이가 존재한다.

정말로 놀라운 건 두 번째 목표다. 제조업체에 영업이익률 35%라는 건 꿈의 숫자다. 어쩌다 한 번 대외적 환경이 도와줘서 그런 숫자를 얻는 건 생각해볼 수 있다. 하지만 그게 아니라 제조업에서 매년 꾸준하게 그걸 목표로 한다는 건 거의 미친 게 아닐까 하는 생각이 들 정도다. 이런 이나바를 두고 일본의 경제지 《니케이비즈니스》는 "그 자식(이나바)은 아무것도 모르는 놈이 아닌가? 그 자식은 바보가 아닐까?" 하는 기사를 1980년대에 싣기도 했다. 경영이론 좀 안다는 MBA들이나 경영학과 교수들이 보기엔 '경영의 경 자도 모르는 무식한 일'로 치부하기 딱 좋다.

이에 대한 이나바의 생각을 들어보자.

"아무리 어려워도 이익률 35%의 깃발을 내릴 생각은 없다. 내리지 않으면 바보가 아닐까라고 생각할 수 있을 것이다. 그러나 깃발은 올리고 있어야 하는 것이고 내리고 있으면 우습다. 이익률에 집착하는 이유는 나의 목표가 양적 확대가 아니기 때문이다. 단지 강한 체질만을 유지하고 싶을 따름이다. 이익률이 깃발이기 때문에 내리게 되면 강한 체질이 없어져버리는 것과 같다. 그것을 위해서는 설비투자와 개발투자라도 필요한 것은 과감하게 한다."

즉 질적 향상이 수반되지 않는, 다시 말해 이익이 남지 않는 외형 성장, 시장점유율 확대, 그리고 매출 증대는 의미가 없다고 본다는 게 화낙의 '이익 추구'의 본질이다.

그러면 실제로 화낙의 이익률을 얼마나 되는 걸까? 2014년도 매출액은 7.3조 원 정도인 데 반해, 영업이익은 3조 원에 달했다. 영업이익률이 41%다. 보통 제조업체의 평균 영업이익률은 3~5% 정도다. 한국 기업의 경우 2014년 평균 영업이익률은 4.3%였다. 무려 열 배다.

세계 최고의 IT 기업인 삼성전자나 애플과 비교하면 어떨까? 삼성전자의 2014년 영업이익률은 12.1%에 불과하고, 상대적으로 높았던 2013년에도 16.1%에 그쳤다. 물론 매출로는 삼성전자가 화낙보다 훨씬 큰 회사다. 애플은 어떨까? 애플의 2014년 영업이익률은 32%였다. 화낙의 이익률은 애플과 비교해도 전혀 꿀리지 않는다. 아니, 사실을 얘기하자면 애플 저리 가라다.

물론 화낙이 매년 이런 이익률을 거둔 건 아니었다. 사실 2014년의 성과는 화낙의 역대 최고치긴 하다. 역사상 제일 낮았을 때는 1975년으로 11%였다. 이때가 바로 제1차 석유파동 직후 화낙이 위기를 겪던 때다. 보통의 해라면 30% 정도는 너끈히 거뒀다.

여기서 주목해야 할 점이 있다. 화낙의 이러한 놀라운 이익률이 싼 노동력을 바탕으로 얻어진 게 아니라는 점이다. 다시 말해 화낙의 모든 제품은 전량 일본 내 공장에서 생산된다. '저비용 구조를 통한 가격 경쟁력 확보' 등을 목표로 중국으로 공장을 이전하는 일을 하지 않았다는 뜻이다. 제조업에는 장래가 없고 미래는 서비스업에만 있으며, 그래서 제조업체가 살아남으려면 오직 저임금 국가로 옮겨가야 한다고 외쳐대는 컨설턴트들의 합창 속에서도 굴하지 않았다. 역발상도 대단한 역발상이 아닐 수 없다.

화낙은 자본이익률을 추가적으로 부양하기 위한 금융공학적 기법에도 전혀 관심이 없다. 다시 말해 화낙은 부채를 전혀 갖고 있지 않은 무차입 회사다. 화낙 정도의 이익을 거두는 회사라면 레버리지를 일으켜, 즉

빚을 좀 짐으로써 오히려 투자된 자본의 효율을 높이는 것이 정석이라고 수많은 은행원들과 금융회사 세일즈들이 발이 닳도록 화낙의 문턱을 드나들었을 것이다. 그러나 화낙은 꿈쩍도 하지 않는다.

화낙의 정말로 존경스러운 점은 '테크놀로지 중시'라는 목표와 '이익 추구'라는 목표를 적절히 잘 조화시켜 동시에 추구한다는 점이다. 보통의 회사들은 전자 아니면 후자다. 창업자가 테크놀로지에만 매몰되어 팔리지도 않고, 이익도 남지 않는 제품을 만들다 망해버린 회사들에 대한 얘기가 얼마나 많은가. 또 테크놀로지는 싹 무시하고 돈만 벌면 그만이라는 식으로 회사를 운영하다 고객에게 외면당해 사라져버린 회사들이 한둘이 아니지 않은가.

고객들은 바보가 아니다. 나에게 물건을 판 회사가 이익을 많이 남긴다고 하면 괜히 손해 보는 느낌이 드는 게 인지상정이다. 당연히 가격을 깎아달라는 요구를 한다. 더구나 공작기계와 산업용 로봇은 구매자들이 대개 대기업들이다. 큰손들이기 때문에 거절하기가 쉽지 않다. 그런데도 화낙은 이런 요구를 예외 없이 거절해왔다. 화낙 말고도 수치제어 공작기계나 산업용 로봇을 만드는 회사가 없는 것은 아니다. 하지만 화낙 제품만큼의 성능이 나오지 않는다. 그래서 '당연히 치를 값을 치른다.'는 생각을 갖고 화낙의 로봇을 구입하는 것이다.

그렇다고 해서 '테크놀로지 중시'와 '이익 추구'가 동급이냐 하면 그렇지는 않다. '테크놀로지 추구'가 먼저고, '이익 추구'는 그다음이다. 분명한 주종 관계가 있다. 이익을 추구하는 데 테크놀로지에 기반을 두지 않는 건 신기루라고 본다는 의미다. 하지만 테크놀로지만을 위한 테크놀로지를 좇는 일종의 자위행위로 힘을 빼는 우는 범하지 않겠다는 의미기도 하다. 회사의 모든 역량을 테크놀로지를 개발하는 쪽에 집중하되, 어떻

생산현장에서 활용되고 있는 화낙의 산업 로봇

게 어디를 집중해야 할지는 이익이라고 하는 결과값을 관찰하면서 이를 최대화하겠다는 화낙의 전략은 폐쇄회로 피드백제어의 원리를 그대로 쏙 빼닮았다. 이처럼 진짜 엔지니어의 비즈니스 전략은 우직하면서도 진실에 닿아 있다.

화낙은 현재 갖고 있는 현금만 10조 원 정도 될 정도로 재무적으로 탄탄하다. 보통의 기업이라면 사업을 다각화한다고 이미 부산했을 법하다. 그래도 화낙은 한눈팔지 않는다. 어느 정도인고 하니, 로봇에 관한 테크놀로지를 꽉 잡고 있으니 산업용 로봇이 아닌 다른 로봇도 기웃거려 볼만도 한데, 이조차 관심이 없다. 창업자 이나바는 중역 회의실의 자기 자리 뒷벽에 "다능(多能)은 군자의 수치"라는 말을 써서 붙여놓았을 정도로 자신의 길이 아니면 가지 않으려 한다. 아들 이나바도 이를 이어받아 의료 서비스용 휴머노이드 로봇이나 일본 소프트뱅크의 페퍼와 같은 소비재 로봇은 전혀 흥미가 없다고 한 인터뷰에서 못을 박았다.

무섭게 테크놀로지에 매진하는 화낙의 기업문화상, 남들의 노력에 무임승차하려는 사람이 설 자리는 없다. 이나바는 대놓고 "엔지니어링을 좋아하지 않는 사람은 우리에게 필요 없다."라고 선을 그었다. 단지 근무 환경이 좋다든지 혹은 연봉이 높다는 이유로 화낙에 들어와서는 곤란하다는 얘기다. 이런 이들은 받아봐야 얼마 안 있어 더 좋은 조건의 회사로 빠져나갈 게 분명하다고 보는 것이다. 화낙의 엔지니어들은 일본에서 가장 바쁜 사람들 중의 하나로, 이들에게는 회사에 마련되어 있는 침대에서 잠을 자는 게 결코 이상한 일이 아니다.

대신 로봇과 수치제어에 열의가 있는 엔지니어들을 위해선 회사가 모든 수고를 아끼지 않는다. 엔지니어 1명당 83제곱미터의 전용 공간을 제공하고 가족들을 위해선 방 3개짜리의 호화스러운 사택을 제공한다. 심지어 이 사택은 정년퇴직한 후에도 얼마 되지 않는 월세를 내면 계속 살 수 있다. 여기에 한 술 더 떠, 엔지니어의 부인이 다른 도시의 직업을 포기하고 화낙 단지에서 살기를 원하면 회사가 채용할 정도다. 화낙 단지에는 의료문화시설이나 술집, 심지어 목욕탕까지 완비되어 있다. 급료도 일본 내 타회사보다 30~50% 이상 더 많다. 돈으로 사람을 꾈 생각은 없지만, 일이 좋아 합류한 직원들에게 확실하게 보상해주는 것이다.

특허 출원 대신
비밀주의로 지켜낸 테크놀로지

엔지니어들의 테크놀로지 개발은 확실히 화낙의 알파요, 오메가다. 화낙의 전체 직원 수는 5,500명으로 그중 2,500명이 일본 내에 있다. 이

중 40%인 1,000명이 연구개발을 담당하는 엔지니어들이다. 게다가 연구개발비로 매년 지출하는 금액은 무려 매출의 10%다. 이나바는 이게 만족스럽지 못하다고 한탄한 적도 있다. 더 쓰고 싶은데 엔지니어들이 더 이상 쓸 방법을 찾아내지 못해서 못 쓰고 있다는 거다.

위기가 닥쳐와도 연구개발비의 지출은 줄이지 않는다. 오히려 늘린다. 엔고의 위기가 닥쳐왔을 때는 15% 이상 올라가기도 했다. 불황이라는 이유로 연구개발 예산을 깎는 것은 스스로의 목숨을 단축시키는 행위라고까지 얘기했을 정도로 이를 중요하게 여긴다.

현장의 테크놀로지 개발과 그와 관련된 연구 활동을 중시하는 모습은 여기서 끝이 아니다. 우선 화낙의 연구소에는 연구기획실이나 총무부 같은 기획 및 관리 조직이 없다. 관리자는 소장과 부소장의 단 2명뿐이다. 다시 말해 화낙의 개발 부문에는 관리직이 거의 없다. 나이 들면 적당히 자리 꿰차고 앉아 밑의 직원들이나 닦달하는 사람은 필요 없다는 것이다.

연구원의 직급도 주임연구원과 연구원의 단 2단계에 불과하다. 주임연구원은 하나의 프로젝트를 자신이 책임지고 이끌어나가는 연구원이다. 이를 위해 연구소의 소장이나 부소장이라 할지라도 꼭 주임연구원이라는 타이틀을 제일 앞에 내세운다. 이나바 자신에게도 적용되는 규칙이다. 화낙이 원하는 인재의 모습은 테크놀로지를 통해 문제를 직접 해결할 수 있는 실무 전문가다. 즉 종신 고용은 있으나 연공서열은 인정치 않는 구조다.

물론 조직이 커지면 이른바 관료형 인간이 필요한 면도 있기는 하다. 하지만 그런 관료형 인간이 필요하다는 건 그 조직이 정체된 조직이라는 의미기도 하다. 그런 면에서 화낙은 아직도 정체와는 거리가 먼 역동적인 조직이라는 걸 알 수 있다. 혹은 이러한 체계를 통해 회사가 관료화되는 걸 막겠다는 이나바의 고심을 엿보게 된다.

화낙의 테크놀로지 중시에는 흥미로운 점이 한두 가지가 아니다. 화낙의 연구소에는 도서실이 없다. '연구소라면 당연히 관련 서적을 갖추고 있어야 하지 않은가?'라고 생각할지도 모르지만 의도적으로 없앴다. 이유는 단순하다. 책에 나와 있는 정도의 지식은 이미 죽은 지식이기 때문에 일류 테크놀로지가 될 수 없다는 거다. 대신 저널이나 정기간행물 등과 같은 자료면 그게 얼마가 되든 간에 회사 측에서 모든 돈을 치르고 사준다. 하지만 단행본일 경우에는 보고 싶다면 엔지니어 본인의 사비를 들여 사야만 한다.

그러나 무엇보다 테크놀로지의 세계가 친숙하지 않은 일반인들이 가장 이해하기 어려운 화낙의 방침 중의 하나는 특허를 내지 않는다는 점이다. '특허는 발명자가 독점적인 권리를 누릴 수 있는 좋은 제도 아닌가? 왜 그런 제도를 이용하지 않지?'라고 생각할 것 같다.

이나바의 생각은 이렇다.

특허권은 일정 기간이 지나면 사라지는 불안전한 권리다. 실제로 나라마다 다르지만 대개 특허권은 출원 후 20년이 지나면 없어진다. 그런데 특허권을 얻기 위해 출원을 하면 관련된 모든 정보를 공개해야만 한다. 이나바는 경쟁회사를 포함한 모든 사람들에게 "내가 이런 테크놀로지를 이렇게 갖고 있소." 하고 내 돈을 들여 광고하는 것과 다름없다고 여긴다.

실제로 특허를 받으려면 적지 않은 돈이 소요되고, 받은 후에도 권리의 유지를 위해서 돈이 든다. 그래서 회사가 아닌 개인이 특허를 출원하고 등록하는 건 쉽지 않다. 그리고 모든 법적 권리가 그렇듯이 특허권에는 허술한 면이 없지 않다. 내가 아무리 포괄적으로 권리를 신청해도 복제하는 쪽에서 피하고자 하면 피해나갈 방법은 대개 있기 마련이다. 게다가 침해하는 쪽이 대기업이라면 아예 노골적으로 베낀 후 막강한 자금력을 바탕으로 소송에서 특허권자를 무력화시키는 방법도 있다. 나는 이런 이나바의 생각에 충분히 일리가 있다고 본다.

특허를 내지 않은 덕분에 화낙에 축적된 경험과 노하우, 즉 테크놀로지가 무엇이지 외부 사람들은 알 길이 없다. 그 테크놀로지의 결과로서 나타나는 제품은 관찰할 수 있지만, 그런 제품을 가능하게 하는 테크놀로지는 유출되지 않는 것이다. 기업 정보의 불필요한 공개는 전쟁터에서 군사기밀을 누출하는 것과 같다고 생각하는 이나바다. 논문도 마찬가지다. 정말로 탁월한 테크놀로지라면 논문으로 발표하지 말고 그걸 통해 돈을 버는 게 엔지니어링의 본질이다.

특허에 관한 문제는 이렇게 정리할 수 있을 것 같다. 외관상 복제가 가능한 거라면 제한된 기간이라도 특허를 통해 독점권을 가지는 게 낫다. 회사 기밀로 남겨두고 싶어도 남들이 얼마든지 베낄 수 있기 때문이다. 반면 겉으로 보는 것만으로는 내용을 파악할 수 없는 노하우라면 특허 출원을 피해야 한다.

화낙이라는 회사를 살펴보면 살펴볼수록, 회사를 어떻게 경영하는 게 옳은가 하는 생각을 하게 된다. 이나바는 화낙에서 독재자 중의 독재자다. 실제로 이나바는 회사 내에서 독재자, 비스마르크, 나폴레옹, 황제 등의 별명으로 불린다. 이나바는 언젠가 다음과 같이 얘기했다. "회사 경영은 어리석은 민주주의보다 현명한 독재자가 이긴다."라고.

정치체제 중에 민주주의보다 더 나은 것은 없다. 하지만 회사와 같은 목표지향적 조직에서 민주주의는 생각하기 어렵다. 비근한 예가 바로 군대다. 민주적 원리가 적용된 군대라는 말은 성립되지 않는다. 그런 경우 군대라고 부르지 않고 군중이나 무리와 같은 말을 쓴다. 아무리 숫자가 많아도 무리는 훈련된 군대를 상대로 이기기 어렵다. 삼성전자의 사장을 지낸 한 사람은 사적인 자리에서 삼성의 성공에는 상명하복과 목표지향적인 군대문화에 힘입은 바가 적지 않다는 의견을 내비친 적도 있다.

BMW 부사장과 포드, 크라이슬러, GM의 부회장을 거친 자동차 업계의 전설적 인물, 밥 루츠의 말로 이 장을 마무리하자. 창업주 엔지니어라면 누구나 귀담아 들어야 할 얘기다.

"틀릴 때도 있지만 주저하지는 않는다. 누구나 실수하기 마련이고, 야구에서도 4할 타자는 없다. 그러니 자신이 옳다고 믿는 길로 나아가야 한다. 뭔가를 해서 실수하는 것보다 뭔가 하지 않아서 실수하는 것이 더 나쁘다."

3

대중들이 열광하는 오디오계의 이단아,
아마르 보스의 보스

Bose

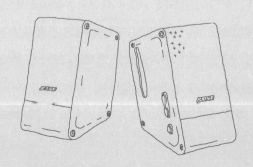

전차 에이브람스와
여객기 퍼스트 클래스의 공통점

제1차 걸프전이 막바지에 다다른 1991년 2월 26일, 미 육군 제7군단 예하의 제2장갑기병연대는 이라크 공화국수비대 소속의 잔존 정예 기갑 부대와 조우하게 됐다. 공화국수비대에 속한 3개 중무장 기계화사단 중의 하나였던 타와칼나 사단은 러시아제 T-72 전차와 1만 3,000명의 병력으로 구성된 강력한 부대였다. 미군은 주력 전차 M1A1 에이브람스와 보병전투차 M2A3 브래들리로 무장되어 있었다.

오후 4시 10분, 동항(Easting) 73 위치에서 맥마스터 대위가 지휘하는 E중대는 건물 사이에 숨어 있던 타와칼나 사단 예하 병력으로부터 기습 공격을 받았다. 동항이란 GPS상에서 사용되는 좌표로 동경과 약간 다르다. 12대의 에이브람스는 28대의 T-72와 16대의 장갑차를 상대해야 했다. 완벽한 기습을 당한 데다 수적으로도 열세고, 게다가 엄폐물로 잘 보호된 이라크군을 상대하기가 쉽지 않았다.

엎친 데 덮친 격으로 전장의 소음과 전차의 그르렁거리는 엔진 소리에 맥마스터의 명령은 중대원들에게 잘 전달되지 않았다. 건물 지구를 오른쪽으로 우회한 후 화력을 모아 하나씩 집중 포격하려는 시도가 무산되자 맥마스터는 절망적인 심정이 됐다. 자신의 전차를 노리는 T-72를 우측 건물 사이에서 발견한 그는 다급한 목소리로 "오른쪽, 오른쪽!" 하고 외쳤다. 하지만 조종수는 이를 듣지 못하고 계속 전진했고 맥마스터의 전차는 폭발해버리고 말았다. 중대장을 잃은 E중대는 오합지졸에 불과했다. 각개격파를 당해 전멸되고 말았다.

'어? 이게 아닌데?' 하고 있을 독자가 있을지 모르겠다. 사실 위 얘기는 진짜가 아닌 내가 지어낸 픽션이다. 좀 더 정확히는 두 번째 단락까지, 즉 맥마스터의 E중대가 타와칼나 사단으로부터 공격을 받은 것까지는 완벽한 사실이다. 그렇지만 맥마스터가 전사했다거나 그의 중대가 전멸당한 것은 사실이 아니다. E중대는 어려움에도 불구하고 효과적으로 반격하여 28대의 전차, 16대의 장갑차, 30대의 트럭을 단 23분 만에 박살냈다. 미군의 손실은 단 한 명도 없었다. 이 전투를 보통 '73 동향의 전투'라고 부른다.

위에서 허구적으로 가정했던 정도는 아닐지언정 실제로 전장의 소음은 귀를 멍멍하게 할 정도로 크다. 특히 늘 과도한 수준의 소리에 노출되는 전차 승무원들의 어려움은 이루 말할 수 없다. 이러한 환경은 두 가지 문제를 낳는다.

하나는 위에서 가정했던 것처럼 전차 승무원들 간에 명확한 의사소통이 어렵다는 점이다. 사람들이 많이 모인 파티에 가면 자신도 모르게 목소리를 높여 소리 지르고 있는 나를 발견하게 된다. 주변에 큰 소리가 나고 있으면 그보다 작은 내 목소리가 들리지 않는 물리적 현상 때문이다. 이를 음향학에서는 '마스킹(masking)'이라고 부른다. 가면을 씌워 본

얼굴이 가려졌다는 뜻이다.

두 번째 문제는 큰 소리에 오래 노출되면 결국 청력을 상실하게 된다는 점이다. 화약 폭발을 맨 귀로 오래 경험한 사람들은 예외 없이 난청에 시달린다. 그래서 미 국방부는 이에 관한 엄격한 기준을 갖고 있다. A-가중(A-weighted) 데시벨(dB)로서 85 이상의 소리에 하루 8시간 이상 노출되면 안 된다고 규정한 것이다. 데시벨은 소리의 크기를 나타내는 단위고, A-가중은 사람들이 실제로 느끼는 특성을 감안하여 보정한 결과다. 85dB(A)는 대략 0.5m 거리에서 크게 부르는 정도의 소리로, 교통이 아주 복잡한 교차로나 1m 거리에 있는 진공청소기 소리보다도 훨씬 크다.

위의 두 가지 문제로 인해 초창기부터 전차병들은 헤드셋을 착용해 왔다. 헤드셋이란 헤드폰과 마이크가 일체형으로 연결된 머리에 쓰는 장치다. 보병전투차 브래들리의 승무원들은 헤드셋을 쓰지 않으면 경우에 따라서 103dB 이상의 소음에 노출된다. 이는 록 밴드의 연주나 소음기를 뗀 시끄러운 자동차의 엔진 소리를 바로 옆에서 듣는 것에 비견할 만하다.

그런데 여기에 딜레마가 있었다. 우선 외부의 시끄러운 소리를 막아내려면 헤드폰을 두껍게 만들어 귀 주위를 밀폐시켜야 했다. 그냥 엉성하게 감싸는 정도로는 별로 소리를 막지 못하므로 귀를 꽉 조여야 효과를 볼 수 있었다. 그런데 그렇게 되면 장시간 착용하기가 곤란했다. 조이는 힘이 너무 강해 두통이 오기 때문이었다. 그래서 현장의 전차병들은 틈만 나면 이 헤드셋을 벗으려 들었다. 그들을 나무람으로써 해결될 문제가 아니었다. 뭔가 좀 더 근본적인 해결책이 필요했다.

걸프전이 끝나고 2년 뒤인 1993년 미 육군은 기존의 M1A1을 M1A2로 업그레이드했다. 걸프전의 경험과 교훈을 바탕으로 대대적인 개량에 나선 것이다. 전차장과 포수가 쓰는 열영상장치와 사격통제장치를 업그레이드한다든지 위치항법장치 등을 추가하는 이 개량에는 사람들의 눈에 잘 띄지 않는 한 가지도 포함되어 있었다. 오디오 회사인 보스가 제공하는 헤드셋을 미 육군이 최초로 채용하기로 결정한 거였다.

보스가 미군을 위해 특별히 제작한 헤드셋에는 음향소음취소(Acoustic Noise Cancelling)라고 부르는 새로운 테크놀로지가 녹아들어 있었다. 단지 외부의 소리를 차단하는 데 그치는 게 아니라 능동적인 방법을 통해 외부 소리를 아예 없애버리는 아이디어였다. 그러한 방식이 효과적인 덕분에 기존 헤드셋처럼 세게 머리를 조일 필요도 없었다. 전차병들은 보스의 헤드셋을 열광적으로 환영했다. PICVC라고 부르는 이 헤드셋은 기존 헤드셋과 비교해서 목소리를 명료하게 알아듣는 정도가 21%나 높았다. 이후 호주, 싱가포르, 사우디아라비아, 노르웨이, 이집트, 이스라엘 등의 전차부대도 이 헤드셋을 채용했다.

외부의 소리를 능동적으로 없애는 테크놀로지가 있다면 이를 적용할 수 있는 곳은 전차 말고도 많다. 당장 생각나는 분야는 비행기 조종석이다. 실제로 보스는 민간 항공기 조종사를 위해 A20이라는 제품을 내놓았다. 조종사들에게 인기가 많은 이 헤드셋의 가격은 110만 원 정도다. 관객들이 내는 함성 소리가 어마어마한 경기장도 보스의 헤드셋이 빛을 발하는 공간이다. 미식축구 프로팀의 코치들 또한 보스 헤드셋을 애용한다.

또 있다. 예전보다는 많이 조용해졌지만 여전히 여객기 내부는 상당히 시끄럽다. 제트엔진에서 나오는 소리와 진동이 기체를 타고 들어오고 또 비행기가 공기를 가르는 소리도 귀를 압박한다. 그래서 음악이나 영화를 보려면 헤드폰의 음량을 상당히 높여야 한다. 그런데 그런 만큼 귀가 쉽게 피로해진다. 콰이어트콤포트라는 보스의 헤드폰에는 위와 동일한 테크놀로지가 적용되어 있어 볼륨을 높이지 않아도 음악에 집중하기 좋다. 다른 회사들도 유사한 테크놀로지를 채용한 헤드폰을 내놓지만 보스 것만 못하다. 전 세계 거의 모든 항공사의 퍼스트 클래스에서 제공되는 헤드폰은 그래서 보스의 제품이다.

보급형과 하이엔드로 양극화된 오디오 시장에서
보스의 지위는 특별하다

우리가 듣는 소리는 공기 중에 전파되는 파동이다. 파동을 쉽게 정의하자면 임의의 물질을 관통하는 에너지의 흐름으로 물질 자체는 이동하지 않는 걸 말한다. 즉 에너지는 전파돼 나가지만 물질 자체는 제자리에서 반복 운동 혹은 진동하는 특성을 갖는다. 파동과 진동을 혼동하는 경우가 많은데, 파동이 진동을 만들 수 있고 또 진동이 파동을 만들 수 있어서인 것 같다. 둘 간의 관계를 정리하자면, 진동은 1차원적 현상이고 파동은 2차원 혹은 3차원적 현상이다. 다시 말해 진동의 관점으로 파동을 100% 이해하는 건 불가능하지만, 파동의 관점을 가지면 진동을 완벽히 이해할 수 있다.

유사 이래로 예술은 시간적 그리고 공간적 한계에 부딪혀왔다. 음악과 무용과 연극은 사람이 이를 행하는 동안과 장소에서만 유효했다. 덧없이 사라지는 탓에 오직 소수의 사람들만이 누릴 수 있었다. 그 소수의 사람들은 대개 권력자들이었다. 테크놀로지는 소수의 전유물이었던 예술을 다수의 대중들이 누릴 수 있도록 해주는 해방자였다. 미술과 사진, 그리고 무용, 연극과 영화의 관계가 그것이었다. 음악에 대해서도 같은 욕구가 늘 도사리고 있었다.

그러려면 우선 소리를 녹음할 수 있어야 했다. 보통 세계 최초의 축음기를 만든 사람으로 미국의 토머스 에디슨을 든다. 대부분의 세계 최초를 논하는 다른 상식들과 더불어 이 또한 사실이 아니다. 프랑스의 출판업자였던 에두아르-레옹 드 마르탱빌이 만든 포노오토그라프라는 녹음기는 1857년에 프랑스에서 특허를 받아 1877년 제작된 에디슨의 그것을 한참 앞선다. 한계가 없지는 않았는데, 마르탱빌의 녹음기는 순수하게 녹음만 할 뿐 재생 능력이 없었다.

곧 에밀 벌리너의 그라모폰 디스크가 널리 퍼지면서 녹음과 재생이 모두 가능하게 됐다. 이어 아날로그 신호로 저장된 음악을 더 큰 소리로 재생시키기 위해 증폭기, 즉 앰프가 만들어진 건 당연한 귀결이었다. 보통 진공관 시대라고 부르는 1950년대를 거쳐 1960년대 트랜지스터가 개발되면서 미국에서 진정한 의미의 대중적 오디오 기기 시대가 시작됐다.

이후 오디오 기기는 이미 기록되어 있는 신호를 읽어 들이는 턴테이블 등과 같은 입력기기, 읽은 신호를 정리하고 조절하는 프리앰프, 프리앰프에서 나온 신호를 키워주는 파워앰프, 그리고 궁극적으로 우리가 귀로 듣는 소리를 재생하는 스피커로 표준화됐다.

산업으로서 오디오 산업은 피 터지는 경쟁이 벌어지는 곳이다. 우선 생각보다 진입 장벽이 높지 않다. 기본적인 원리는 책에 이미 다 나와 있고 테크놀로지에 조금만 관심을 가지면 이를 이해하기가 그다지 어렵지 않다. 적당한 성능의 저렴한 부품도 많아 자작 오디오를 직접 만드는 애호가들도 꽤 있다. 이들 중 일부는 소규모 고급 오디오 제작사로 변신하기도 한다. 그리고 웬만한 거대 가전기업들은 모두 오디오 제품을 갖고 있다. 아주 큰돈은 안 되지만 그렇다고 완전히 손 놓아버리기도 애매하기 때문이다. 회사가 크면 큰 대로, 또 작으면 작은 대로 치열하게 경쟁을 벌인다.

좀 더 자세히 들여다보면, 오디오 시장은 지속적으로 양극화가 진행되는 곳이다. 한쪽 끝에서는 상대적으로 저렴한 보급형 기기들끼리 각축을 벌인다. 세계의 주요 가전회사들과 일본의 여러 대형 오디오 전문회사들이 이 범주에 속한다. 사실 일본의 대형 오디오 전문회사들 같은 경우 테크놀로지가 떨어져서 이쪽 시장에서 활동하는 건 아니다. 좋고 비싸게만 만들려고 하면 얼마든지 할 수 있는 축적된 노하우가 있다. 하지만 대중을 상대로 하는 시장의 규모가 훨씬 크기 때문에 이를 버리지 않는 것이다. 보급형 오디오의 반대쪽에는 하이엔드 오디오 시장이 자리 잡고 있다. 일일이 이름을 다 댈 수 없을 정도로 수많은 회사들이 명멸하는 곳이다. 하이엔드를 지향하는 오디오들의 공통점은 두 가지로 요약할 수 있다. 하나는 이른바 하이파이, 즉 왜곡 없는 원음 그대로의 소리 재현을 목표로 한다는 점이고, 다른 하나는 눈이 휘둥그레질 정도의 높은 가격이다. 보급형보다 조금 더 비싼 정도가 아니고 아주 많이 더 비싸다. 물론 하이엔드 오디오가 보급형보다 성능 면으로 더 나은 것은 사실이다.

하지만 그 정도의 작은 향상을 위해 몇 십 배 혹은 그 이상의 돈을 더 지불해야 하는지는 의문이다. 오디오 좀 한다는 사람 중에는 수천만 원 이상 하는 오디오를 주기적으로 바꾸기 위해 전셋집에 사는 사람들이 적지 않다. 하이엔드 오디오가 비싼 결정적 이유는 몇 대 팔리지 않기 때문이다. 그래서 들어간 고정비용 이상을 벌어들이려면 가격을 비싸게 붙일 수밖에 없다. 그리고 어차피 많이 안 팔릴 거라면 가격이 비싼 쪽이 왠지 좀 더 고급제품처럼 느껴지는 현실도 간과할 수 없다.

그리고 그 중간은 텅 비어 있다. 보급형보다는 성능이 좋으면서 가격은 하이엔드 수준은 아닌 그런 제품을 만드는 오디오 회사는 현재 거의 없다. 원래부터 이렇지는 않았다. 예전에는 그런 회사들이 있었지만 고래 사이에 낀 새우 신세가 되어 사라졌다. 1980년대에 국내에서 오디오 최강 자로 군림하다 지금은 명맥만 겨우 유지하고 있는 회사 인켈이 아마 그 예가 아닐까 싶다. 당시 인켈은 가격 대비 성능이 충분히 우수한 오디오를 만들었지만 양극화의 추세를 극복하기에는 역부족이었다.

그런 오디오 업계에서 보스의 지위는 매우 독특하다. 보스는 대중적으로 매우 인지도가 높고 선호되는 브랜드다. 상당한 규모의 마니아층이 형성되어 있을 정도다. 하지만 결코 싸지 않다. 물론 정통 하이엔드 오디오처럼 어처구니없는 가격은 아니다. 대중들에게 팔리지만 저가 브랜드로 인식되지는 않는다. 물론 하이엔드 회사들과 이른바 명기 애호가들은 보스의 오디오를 깎아내리기 바쁘다. 소리를 이상하게 왜곡시키는 불순한 제품이 쓸데없이 유명하다는 식으로 말이다. 작가에 대한 비평가의 문화적 권력이 부당한 것처럼 이의 판단은 전적으로 개인의 몫이다.

연 매출 2조 원 회사의 회장은
인도 망명자의 아들인 MIT 전기과 교수

보스의 창업자는 1929년 미국 필라델피아에서 태어난 아마르 보스다. 보스의 아버지는 인도 벵골 지역에 있는 캘커타 대학의 물리 교수로 당시 영국을 상대로 독립운동을 하다가 투옥됐고 다시 체포되기 전 미국으로 망명길에 올랐다. 자신들을 벵골 호랑이에 비유하는 벵골인들은 기골이 장대하고 용맹하여 인도 내에서 무인을 많이 배출하는 것으로 유명하다. 사실 보스라고 하면 두목을 나타내는 단어로 오인할 수 있는데, 좀 더 정확하게 발음하자면 보우스라고 해야 한다. 하지만 통념에 따라 그냥 보스라고 썼다.

평범한 유년기를 보낸 보스는 중학생 때 우연한 기회에 자신의 엔지니어적 성향과 모험사업가적 기질을 발견했다. 인도제 매트를 수입해서 팔던 아버지의 사업이 제2차 세계대전으로 직격탄을 맞으면서 경제적으로 곤경을 겪게 됐다. 군수 물자가 아닌 모든 물품의 해상운송이 금지됐던 것이다. 그때 보스는 자신이 라디오와 모형 기차를 수리할 수 있으니 아버지에게 주문을 받아오라고 말했다. 나중에 친구들도 몇 명 끌어들여야 할 정도로 이 비즈니스는 수지가 맞았다.

1947년 MIT 학부에서 입학 허가를 받은 보스를 위해 그의 아버지는 등록금과 생활비조로 1만 달러를 빌려야 했다. 당시 평균 임금이 3,500달러, 보통의 자동차 1대 가격이 1,500달러일 정도로 1만 달러는 큰돈이었다. 사실 보스의 입학 성적은 결코 좋지는 않았고 아슬아슬하게 입학 허가를 받았다. 처음엔 그렇게 눈에 띄는 학생이 아니었다는 얘기다.

학부 시절 보스는 적지 않은 어려움을 겪었다. 중학생 때 라디오를 고칠 정도로 전기기기에 대한 실제적 경험과 지식이 많았던 그가 전기공학을 선택한 건 당연한 일이었다. 문제는 수학 실력이었다. 다른 학생들에 비해 미적분 실력이 부족했다. 그는 이러한 실력 차를 따라잡기 위해 자신의 가장 중요한 취미 생활을 일주일에 2시간으로 제한했다. 바로 서양 클래식 음악을 듣는 거였다. 클래식 음악은 보스에게 한평생의 친구와도 같은 존재였다.

1951년 학부를 졸업하고 1952년 석사과정을 마친 보스는 네덜란드 회사 필립스에서 1년간 근무하기도 했다. 다시 학교로 돌아온 그는 1956

년 마침내 전기공학으로 박사 학위를 받았다. 논문 제목은 「비선형 시스템에 대한 이론」으로, 지도교수는 마카오 태생의 육윙 리(Yuk-Wing Lee)였다. 학위를 마치는 시점에 다른 건 몰라도 '학교 선생이 되고 싶지는 않아!' 하는 생각은 확고부동했다고 스스로 술회했다. 아마도 현장에서 직접 손에 기름을 묻히는 일을 하고 싶었던 게 아닌가 짐작해볼 따름이다.

그렇지만 막상 MIT가 자리를 제안하자 보스는 결국 학교에 남는 결정을 내렸다. 회로이론을 강의하게 된 그는 기존 교수들이 쓰던 강의계획서를 쓰레기통에 던져버렸다. 너무 이론에만 치우쳐 있다고 생각해서였다. 그는 자신의 과목이 좀 더 살아 있는 강의가 되길 원했다.

머릿속에 있는 생각을 큰 소리로 말하면서 문제를 해결해나가는 방법을 몸소 보여주는 보스의 강의는 곧 학생들 사이에서 인기 강좌로 소문났다. 너무 인기가 높은 나머지 한 클래스의 수강생이 350명에 달했다. 숙제가 어려워 주당 18~20시간을 들여야 함에도 불구하고 수강생이 몰려들었다. 모두 강의에 몰두한 나머지 수백 명이 모인 초대형 강의실에서 볼펜 떨어지는 소리가 들릴 정도였다.

시험을 치르는 방식도 독특했다. 시험은 저녁 7시에 시작됐는데, 다른 과목과 달리 끝나는 시간이 정해져 있지 않았다. 문제를 푸는 데 시간이 필요하다면 얼마든지 필요한 만큼 쓸 수 있다는 뜻이었다. 그래서 MIT 학생들 사이에 전해 내려오는 전설에 따르면, 한번은 시험이 오전 5시까지 이어졌던 적도 있었고, 또 특이하게 보스가 시험을 치르는 학생들에게 먹으라고 아이스크림을 사다 주기도 했다고 한다.

교수가 될 때까지만 해도 보스는 오디오에 별다른 관심은 없었다. 하지만 첫 월급을 받자 그간 억눌러왔던 취미 생활을 이제 본격적으로 해보고 싶었다. 바로 클래식 음악 감상이었다. 보스는 단지 음악 감상만을 하는 게 아니라 솜씨 좋은 아마추어 바이올린 연주자기도 했다. 시중에 나와 있는 오디오들의 스펙을 꼼꼼히 검사한 후 비싼 하이엔드 오디오를 하나 구입했다. 부푼 기대를 갖고 자신이 연주한 소리를 녹음해 들어보았다.

그런데 실망이 이만저만이 아니었다. 아무리 스펙이 좋아도 막상 귀로 느껴지는 소리는 실제 연주에 훨씬 못 미친다는 생각을 지울 수가 없었다. 보스는 혼자서 생각했다.

'차라리 언젠가 내가 한 번 직접 만들어봐야겠어.'

이것이 계기가 되어 보스는 조금씩 음향학과 오디오의 세계에 관심을 갖기 시작했다.

교수가 된 지 8년 만인 1964년, 같은 과 교수로 있는 육윙 리가 어느 날 보스를 불렀다. 그러고는 다음과 같은 수수께끼 같은 애기를 했다. 육윙 리는 교수 일 외에도 골동품을 사고파는 부업도 갖고 있었다.

"아마르, 네게 얘기해주고 싶은 두 부분으로 된 꿈이 있어. 이건 모든 골동품상들이 갖고 있는 꿈이야. 첫 번째 부분은 어느 날 그가 산으로 올라갔는데 어떤 물건이 그의 손으로 쑥 들어오는 거야. 두 번째 부분은 그가 그 물건의 가치를 알아보고 놓치지 않도록 꽉 움켜쥐는 거지."

보스는 어리둥절했다. 하지만 며칠간의 생각 끝에 그 의미를 깨달았다. 바로 회사를 세우라는 뜻이었다. 육윙 리와 보스가 그동안 개발해온 특허와 테크놀로지를 상업적으로 제품화하는 회사였다. 보스는 결국 같은 해 보스 코퍼레이션을 설립했다. 육윙 리는 보스 코퍼레이션의 엔젤 투자자로 자본금을 일부 대고 지분을 가졌다. 엔젤 투자자는 개인 자격으로 벤처회사에 투자하는 경험 많고 돈 많은 모험사업가를 말한다.

2001년 보스는 45년간의 교수 생활을 마쳤다. 정년퇴직한 거였다. 하지만 그는 여전히 바빴다. 보스 코퍼레이션의 회장이자 테크놀로지 디렉터로서 그의 호기심을 자극하는 많은 일들이 있기 때문이었다. 무에서 시작했던 보스의 회사, 보스 코퍼레이션은 연 매출액 2조 원 정도의 세계적인 회사로 성장했다.

보스의 개인 재산은 2011년 기준으로 1조 원 정도다.

소리를 발생시킴으로써
오히려 조용하게 만드는 능동소음제어

앞에서도 얘기했듯이 우리가 듣는 소리는 공기를 따라 전파되는 파동이다. 그래서 이를 음파(acoustic wave)라고 부르기도 한다. 음파는 경우에 따라 공기가 아닌 매질에서도 전파된다. 가령 돌고래들은 물속에서 끽끽거리는 소리를 내서 자기들끼리 의사소통을 한다. 또 소나(sonar) 혹은 애즈딕(asdic)과 같은 장치는 음파를 쏴서 적 잠수함을 찾아낸다. 물속에서의 음파를 다루는 분야를 따로 '수중음향학'이라고 부른다.

음파도 파동의 하나이므로 파동의 물리적 성질을 갖는다. 파동의 성질을 기술하는 변수 중에 가장 대표적인 것으로 주파수(frequency)와 파수(wave number), 그리고 진폭(amplitude)이 있다. 주파수는 파동이 단위시간당 얼마나 빠르게 변동하는지를 나타내며 보통 헤르츠(Hz)라는 단위를 쓴다. 가령 10Hz는 1초에 파동이 10번 반복하는 걸 말한다. 주파수가 낮은 음파를 보통 저주파음, 그리고 주파수가 높은 음파를 고주파음이라고 부른다.

그러나 우리가 모든 소리를 다 들을 수 있지는 않다. 사람마다 차이가 있긴 하지만 보통의 사람들은 대략 20~2만Hz까지 듣는다고 알려져 있다. 그러나 실제로 실험해보면 1만 5,000~1만 7,000Hz 정도가 들을 수 있는 한계인 경우가 적지 않다. 남자 성악가는 70~460Hz, 여자 성악가는 170~930Hz, 피아노는 약 25~4,500Hz 정도의 소리를 내며, 우리가 주로 사용하고 듣는 주파수대는 대개 1,000Hz 미만이다. 주파수가 2만Hz가 넘어가는 음파를 초음파라고 하며, 우리는 들을 수 없지만 박쥐는 잘 듣는다.

파수는 주파수와 유사한 개념이지만 기준이 시간이 아니라 공간이다. 즉 단위 길이당 파동이 얼마나 길게 혹은 짧게 형성되는지를 나타낸다. 파수는 스피커가 소리를 얼마나 효과적으로 크게 잘 낼 수 있는지에 관련된 중요한 변수다. 또 소리를 차단한다든지 또는 흡수하는 데에도 결정적인 영향을 미친다.

마지막으로 진폭은 소리의 크기를 결정하며, 앞에서 언급한 데시벨과 직접적인 연관이 있다. 즉 진폭이 커질수록 데시벨이 올라간다. 그런데 센서로서 사람의 귀는 놀라울 정도로 예민하다. 무슨 말이냐 하면, 굉장히 작은 진폭부터 아주 큰 진폭까지 다 감지해낼 수 있다는 뜻이다. 워낙 그 폭이 넓기 때문에 소리의 크기는 데시벨이라는 로그 단위로 나타낸다. 즉 진폭이 2배가 된다고 해서 데시벨이 2배 커지는 일은 없다. 음향에너지의 관점으로 보자면 3데시벨 차이는 그 에너지가 2배 혹은 반으로 줄어든 것에 해당한다.

외부적으로 발생하는 소음을 줄이기 위해선 음향학적 원리에 대한 이해가 필요하다. 우선 수동적인 방법을 생각해볼 수 있다. 소리가 나는 곳과 내가 있는 곳 사이에 굉장히 단단하고 아주 두꺼운 벽을 칠 수 있다면 거의 대부분의 소음은 차단된다. 음향학적으로 보면 벽의 두께와 소음의 주파수 사이에는 특별한 함수 관계가 있다. 그래서 각각의 두께에 해당하는 임계주파수보다 높은 주파수의 소음은 대부분 차단되는 반면, 낮은 주파수의 소음은 사실상 그대로 통과한다. 그런데 가령 100Hz의 소음을 없애려면 벽의 두께가 1m가 넘어가야 한다. 현실적으로 불가능한 두께다. 아파트 층간 소음을 줄이는 데 한계가 있는 것도 이 탓이다.

또 다른 수동적인 방법으로 소리를 흡수하는 흡음재를 쓰는 방법이 있다. 내부에 작은 구멍을 많이 갖고 있는 흡음 물질은 음파의 에너지를 마찰 등에 의해 소진시켜 소리를 줄인다. 그런데 위에서와 마찬가지로 물리적인 한계로 인해 고주파 소음에는 효과가 있지만 저주파 소음에는 거의 무용지물이다. 문제는 우리가 시끄럽다고 느끼는 소음들이 대개는 저주파라는 점이다. 즉 수동적인 방식의 소음 저감은 현실적인 한계가 크다.

그러면 보스의 헤드셋과 헤드폰에 채용돼 있는 음향소음취소는 어떻게 작동하는 걸까? 바로 능동적인 방법을 사용한다는 점이 핵심이다. 사실 보스는 음향소음취소라는 말을 자사의 테크놀로지를 지칭하는 단어로 상표 등록하여 아무나 쓸 수 없도록 했지만, 이는 일반적으로 능동소음제어(active noise control)라고 부르는 테크놀로지에 속한다. 능동적인 방법을 사용한다는 것은 차음이나 흡음처럼 소리를 막거나 흡수하는 방식이 아니고 소리를 추가적으로 만들어냄으로써 그를 통해 원래 있던 소음을 없앤다는 의미다.

원래 있던 소리만으로도 충분히 시끄러운데 거기에다 소리를 더 추가하여 오히려 조용해진다는 건 언뜻 들으면 있을 수 없는 일로 들린다. 하지만 여기엔 음향학적 원리가 뒷받침돼 있다. 바로 소리가 파동이라는

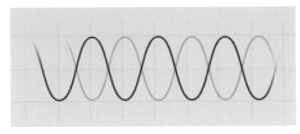
소리를 추가적으로 만들어냄으로써 소음을 없애는 음향소음취소의 원리

사실이다. 파동의 형상을 그려보면 마루와 골이 반복적으로 나타나는데, 원래의 파동과 주파수와 파수, 그리고 진폭이 모두 동일하면서 위상 차이가 180도인 파동을 원래의 파동에 겹치면 두 파동이 합쳐져서 사라져버리는 현상이 나타난다. 이를 '상쇄 간섭'이라고 부른다. 즉 상쇄 간섭의 원리가 있기 때문에 이론적으로 능동소음제어는 충분히 가능한 일이다.

그러나 이론적으로 가능하다고 해서 실제로 아무나 그렇게 할 수 있는 것은 아니다. 이걸 구현하려면 외부 소음을 우선 감지하여 특성을 파악하고 동시에 위상 차이가 180도인 소리를 인공적으로 만들어내 내 귀에 도달하도록 해야 한다. 이를 위해선 디지털 신호처리 능력과 제어 알고리즘의 구사, 그리고 헤드셋에 장착될 정도의 소형화가 필요하다. 즉 이 또한 기계 제어의 한 예라고 할 수 있다.

개인적으로 나는 음향소음취소를 기반으로 하는 보스의 헤드셋을 보면 만감이 교차한다. 나의 석사 논문 주제가 바로 능동소음제어였기 때문이다. 결국 1992년 여름, 1년 가까이의 고투 끝에 자동차 실내 크기의 상자 내부에 대한 실험에 성공했다. 내가 알기론 국내에서 1차원 덕트가 아닌 3차원 공간을 대상으로 성공한 최초의 경우였다. 그런데 막상 석사 논문에는 싣지 못했다. 연결된 주제의 하나로 제어 스피커의 위치를 어떻게 결정하는 것이 더 효과적인가 하는 일종의 최적화 문제도 풀었는데, 논문 심사 교수 3명 중 1명이 제어에 성공한 것은 직접적인 관련이 없다며 빼라고 해서 빠졌기 때문이다. 그 요구는 사실 불합리한 어이없는 요구였다.

아무리 기억을 되살려보아도 당시 내가 읽은 능동소음제어에 대한 논문 중에 보스가 쓴 논문은 없었다. 그런데 기록을 찾아보면 보스의 음향소음취소 헤드셋이 최초로 상용화된 게 1989년이니 이미 내 실험보다 3년을 앞섰다. 게다가 최초로 개발된 시점은 못해도 1989년보다 2, 3년은 더 전일 것이다. 그리고 지금 30년 가까이 지났으니 보스에 쌓여 있는 노하우와 테크놀로지가 만만치 않을 것이라는 건 충분히 짐작 가능하다. 보스는 자신이 개발한 이 테크놀로지에 대해 논문 대신 특허를 내는 길을 택했다. 보스는 적극적으로 특허를 내는 회사로 경쟁사나 신생회사에 대해 자신들의 촘촘한 특허권을 무기로 공격적인 법정 공세를 마다하지 않는다.

이익의 대부분을 연구개발비로
지출하는 비상장회사

1964년에 설립된 보스 코퍼레이션의 초창기 수입원은 군용 제트기에 사용되는 전력조절기였다. 보스의 전력조절기는 현재도 많은 민간 여객기에서 사용될 정도로 인기가 높다. 하지만 보스의 마음은 다른 곳에 가 있었다. 바로 스피커 시스템이었다.

2년여의 연구 끝에 1966년 어느 늦은 밤, 보스는 기존의 하이파이 오디오 이론은 쓰레기에 가깝다는 사실을 깨달았다. 가장 이상적인 오디오는 원음을 있는 그대로 충실하게 재현하는 오디오라는 게 하이파이 오디오 회사들의 주장이었다. 그리고 모두들 그런 줄 알았다. 그런데 보스가 발견한 바에 따르면, 실제로 콘서트홀에서 연주자들의 연주 소리는 그런 식으로 들리지 않았다.

물론 청중이 듣는 소리 중에는 그런 소리도 있었다. 하지만 이는 10%를 겨우 넘을 정도에 불과했다. 나머지 90% 가까이는 콘서트홀의 벽과 천장, 그리고 바닥에 반사된 소리들이었다. 그리고 그렇게 반사된 소리들은 결코 원음에 충실한 소리가 아니었다. 벽의 기하학적 형상과 재료 등에 따라 심하게 뒤틀리고 왜곡된 소리였다. 건축음향학이라는 분야에서는 이미 잘 알려진 내용이었다. 하지만 전통적인 오디오광들은 이를 애써 무시해왔던 것이다.

보스는 또 다른 사실도 알게 됐다. 신호 관점에서 아무리 원음과 똑같다고 하더라도 막상 사람들이 귀로 느끼는 소리는 다를 수 있다는 거였다. 가령 똑같은 진폭을 갖고 있어도 1,000Hz보다 낮은 저주파 소리에 대해서는 사람들이 소리가 작다고 느낀다. 콘서트홀에서의 실연이 오디오를 통한 감상보다 더 낫다고 느끼는 이유에는 이런 이유도 있었던 것이다. 콘서트홀에서는 반사된 음향이 주가 되기 때문에 저주파 영역대가 훨씬 더 크고 풍성하다. 이 또한 심리음향학이라는 분야에서는 상식적인 내용이었지만 하이파이 지상주의자들은 무관심했다.

보스가 첫 번째로 내놓은 스피커는 그다지 큰 반향이 없었다. 상업적으로 실패작이라고 봐도 될 정도였다. 그러나 1968년 두 번째로 내놓은 '보스 901'은 공전의 히트를 쳤다. 그동안 보스가 스피커에 대해 알아낸 내용들이 그대로 반영된 901의 디자인은 꽤나 파격적이었다.

스피커는 크게 보아 두 부분으로 나뉜다. 하나는 파워앰프에서 나온 전기신호를 받아 진동을 통해 소리를 만들어내는 유닛이고, 다른 하나는 유닛의 음향 방사 성능을 극대화하기 위한 통, 일명 인클로저다. 유

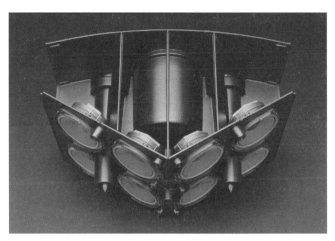

전면에 1개, 후면에 8개의 미드 레인지가 장착된 보스 901 스피커

닛은 크기에 따라 세 종류로 보통 나누어지는데, 지름이 최소 15cm는 되는 우퍼(woofer), 우퍼보다 작은 미드 레인지(mid range), 그리고 지름이 채 몇 센티미터 안 되는 트위터(twitter)가 그것이다. 지름이 클수록 저주파음을 내는 데 효과적이어서 우퍼가 저음역대를, 미드 레인지가 중음역대를, 그리고 트위터가 고주파 음을 담당한다. 스피커 회사들은 이러한 우퍼와 미드 레인지, 그리고 트위터를 어떠한 방식으로 배치할 것인가를 놓고 고심에 고심을 거듭한다. 자신들의 디자인 철학과 고유의 개성이 이를 통해 잘 드러나기 때문이다.

보스의 901은 일체형 스피커였다. 일체형 스피커는 우퍼와 미드 레인지, 그리고 트위터를 하나의 인클로저 안에 넣은 스피커로, 보통 보급형 스피커가 많다. 그것도 우퍼와 트위터는 쓰지 않고 미드 레인지로만 구성했다. 사실 미드 레인지만 있는 일체형 스피커도 굉장히 흔하다. 특히 조그만 저가형 오디오 세트에는 미드 레인지만 장착된 스피커가 흔히 따라 붙는다.

그런데 901에는 9개의 동일한 크기의 미드 레인지가 장착됐다. 전면에 1개, 그리고 후면에 8개가 있는 배치였다. 이유는 직접음과 반사음의 비율이 대략 1대 8이라는 것을 최대한 가깝게 모사하기 위해서였다. 기존 스피커들이 무시하던 반사음과 비슷한 효과를 최대한 키우고, 또 동시에 저음도 강조하는 디자인이었던 것이다. 901은 아직까지도 쏠쏠하게 팔리는 보스의 주력 스피커다. 901의 디자인에 대해 보스는 다음과 같이 말했다.

"하이파이의 세계에서 이는 신성모독이었죠. 그렇게 하면 소리는 사실 멋지게 들리는데, 사람들에게 (그러면 안 된다는) 선입견이 있었던 거예요."

보스 스피커의 음색에 대해서 사람들의 평은 모 아니면 도다. 속된 말로 하면 '보스빠'가 되거나 '보스까'가 되는 두 가지 선택만 있는 듯하다. 하이엔드를 추구하는 사람들은 대개 보스 혐오주의자가 된다. 보스의 음색이 과장되고 자연스럽지 못하다고 느끼는 것이다. 저음이 너무 강하다는 의미에서 저음 괴물이라고 부르기도 한다. 그들이 갖고 있는 고가의 오디오 소리가 진리라는 관점에서 보자면 충분히 그렇다.

반대로 보통의 대중들은 보스의 열렬한 지지자가 되기 쉽다. 그들의 정직한 귀로는 음감이 풍부하고 귀에 선명하게 꽂히며 전반적으로 감미롭기 그지없는 소리라고 느껴지기 때문이다. 어떤 의미에선 보스는 공급자 관점이 아니라 소비자 관점의 엔지니어링을 했다고 볼 수도 있다. 소수의 엘리트주의자들의 어려운 말에 위축되기 일쑤였던 보통의 음악애호가들이 좋아하는 스피커를 만들었으니까. 중국 글자에 주눅 들던 백성을 위해 훈민정음을 만든 세종과 비교할 만하다고 하면 지나친 비약일까?

전 세계 직원 수가 9,000명에 달하는 보스는 비상장회사다. 즉 거래소에서 일반인들이 주식을 사고팔 수 있는 회사가 아니다. 통념에 의하면 모든 회사는 반드시 공개상장을 해야만 하는 것처럼 생각하기 쉽다. 하지만 결코 그렇지 않다. 왜냐하면 상장을 하는 순간부터 "감 놔라 배 놔라." 하는 주주들의 간섭에 시달려야 하기 때문이다. 이에 대한 보스의 생각을 들어보자.

"내가 한 가장 잘한 결정은 회사를 그냥 비공개로 두었다는 점이에요. 그래서 우리는 장기적 이익을 위해 단기적 고통을 감내할 수 있었죠. 상장회사들은 매 91일마다 이른바 시장을 기쁘게 할 만한 결과를 내놓아야 하잖아요. 그래서 그들은 우리처럼 할 수 없는 거죠."

상장회사들이 할 수 없는, 하지만 보스이기에 해올 수 있었던 것은 무엇일까? 그건 바로 장기적인 테크놀로지 개발 프로젝트를 해왔다는 점이다. 5년 정도는 아무것도 아니고, 10년 혹은 그 이상의 프로젝트도 보스에서는 전혀 문제가 없다. 보스가 벌어들인 이익의 대부분은 다시 연구개발비로 지출된다. 이 또한 비상장회사기에 가능한 일이다. 상장회사였다면 이익이 배당이나 자사주 매입 등으로 소진됐을 것이다. 시간과 돈이 뒷받침되고 통념에 도전하는 걸 두려워하지 않는 훌륭한 엔지니어가 창업주인 회사는 잘되지 않으려야 않을 수가 없다. 보스의 변은 이렇다.

"내가 MBA들이 좌지우지하는 회사의 직원이었다면 아마 백 번도 넘게 해고당했을 겁니다. (당장 결과가 나오지 않는 개발 프로젝트만 했으니까요.) 하지만 난 단 한 번도 돈을 벌기 위해 비즈니스를 해본 적이 없어요. 내가 비즈니스를 시작했던 이유는 이전에 한 적 없는 흥미로운 것들을 하기 위해서였습니다."

보스의 오디오는 자동차 회사들로부터도 평가가 좋다. 국내의 르노삼성을 비롯하여 인피니티를 포함한 르노-닛산, 아우디, 캐딜락 등이 보스의 차량용 오디오나 스피커를 쓰고 있다. 이외에도 마세라티나 포르쉐 같은 고급스포츠카 회사들도 보스를 원한다. 물론 가정용 오디오에서처럼 차량용 오디오에서도 보스보다 비싼 오디오는 얼마든지 있다. 가령 포르쉐 같은 경우, 기본으로 제공하는 오디오가 싫으면 옵션으로 보스를 택할 수 있고, 그보다 훨씬 더 비싼 부메스터를 택하는 것도 가능하다. 하지만 정말 까다롭고 민감한 귀를 가진 게 아니라면 보스로 훌륭한 음악을 충분히 즐길 수 있다.

대중의 기준으로 결코 값이 싸지 않은 보스가 비즈니스 관점에서 굉장히 잘하는 것 중의 하나가 바로 서비스다. 가령 미국이나 일본에서 보스 오디오를 주문하면 한 달간 무료로 들을 수 있다. 들어봤는데 별로 사고 싶지 않아서 반품하겠다고 하면 한 달 이내일 경우 아무 문제없이 돌려보낼 수 있다. 심지어 배송비도 보스가 부담한다. 제품에 자신이 있기 때문이다. 또 혹시라도 제품에 문제가 있을 경우 신품으로 교체해서라도 문제를 해결해준다. 오디오 회사 중에 이런 걸 보스만큼 하는 회사는 없다고 봐도 무방하다.

필요는 발명의 어머니가 아니라
발명이 필요의 어머니다

'필요는 발명의 어머니'라는 말을 한 번쯤은 들어봤을 것이다. 보통 에디슨이 한 말로 알려져 있지만, 사실 에디슨이 이런 말을 한 적은 없다. 에디슨이 한 말은, "나는 실패해본 적이 한 번도 없어요. 작동하지 않는 만 가지의 방법을 알아냈을 뿐이죠."나 "뭔가를 발명하려면, 상상할 수 있는 능력과 한 무더기의 (작동하지 않는) 고물들이 필요합니다." 같은 것들이다. 솔직히 말하자면 '필요는 발명의 어머니'라는 말을 누가 했는지 아무도 모른다. 그러면서도 계속 인용되고 또 인용되고 있다. 마치 자가 증식하는 악성 바이러스처럼 말이다.

나는 위의 말이 하나 마나 한 무의미한 말이라고 생각한다. 사람들은 이미 벌어진 일에 대해서 뚜렷한 원인이 있는 것처럼 설명하기를 좋아한다. 그런 심리적 경향이 있기에 발명된 물건에는 필요라고 하는 원인이 있다는 식으로 생각하곤 한다. 그렇지 않은 경우가 너무나도 많음에도 불구하고 말이다. 실은 그 반대가 진실에 가까운지 모른다. 즉 '필요는 발명의 어머니'가 아니라, '발명은 필요의 어머니'라고 말이다. 나만 이런 생각을 하는 게 아니다. 역사상 가장 위대한 추리소설 작가라고 할 수 있는 영국의 아가사 크리스티는 "필요는 발명의 어머니가 아니라고 생각한다." 라고 대놓고 말했다.

보스가 개발한 다음의 테크놀로지를 보면 '발명은 필요의 어머니'라는 말을 실감하게 된다. 2010년에 개발된 '보스 서스펜션 시스템' 얘기다. 우리말로 '현가장치'라고도 부르는 서스펜션은 노면의 굴곡으로 인한 진동을 흡수하는 자동차의 핵심 장치다. 오디오 회사가 자동차 현가장치를 개발했다니, 듣고도 믿기 어려운 얘기다. 나는 이 얘기를 처음 듣고, "에이, 설마." 하고 실제로 혼잣말을 했다. 그런데 확인해보니 진짜였다. 그것도 24년 걸려 개발한 거였다.

방금 전에도 얘기했지만 자동차에서 서스펜션은 핵심 중의 핵심적인 장치다. 차량의 주행 및 핸들링에 결정적인 영향을 미치기 때문이다. 울퉁불퉁한 길에서도 편안하게 주행할 수 있고, 급커브 도로를 만나도 빠른 속도로 빠져나갈 수 있는 건 바로 서스펜션 덕분이다. 서스펜션의 구성을 좀 더 자세히 살펴보면 크게 복원력을 발생시키는 스프링과 스프링으로 인한 진동을 감쇠시키는 완충기, 즉 쇼크 업소버가 연결되어 있는 구조다. 이 둘 중에 외부적 충격에 대해 차가 빨리 안정을 되찾는 데에는 완충기의 역할이 크다.

당연히 세계 유수의 자동차회사들은 이러한 서스펜션을 수십 년 넘게 갈고닦아왔다. 자동차회사들은 유압을 이용한 완충기만을 사용해왔다. 최적화에 최적화를 거듭하여 관련 테크놀로지를 거의 예술의 경지까지 끌어올렸다. 하지만 한계가 없지는 않았다. 유압을 이용한 완충기는 에너지를 흡수할 뿐이어서 모든 노면 상황에 완벽하게 대응할 수는 없었다.

그렇지만 이를 대신할 수 있는 다른 방법은 없었다. 완전히 새로운 방식의 현가장치가 '필요'하다고 생각한 사람은 적어도 자동차업계 내에서는 아무도 없었다. 소비자들도 마찬가지였다. 그게 뭔지도 모르는데 필요하다고 느낄 수는 없으니까. 즉 보스의 서스펜션에 대한 '필요'는 어느 곳에도 없었다.

보스도 새로운 현가장치가 필요하다고 생각한 적은 없었다. 하지만 그는 궁금했다. 소음을 능동적으로 없애는 헤드폰에 사용된 테크놀로지가 서스펜션에 사용될 수는 없을까 호기심이 생겼던 것이다. 바퀴로 들어오는 진동 신호를 재빨리 분석하여 그와 같은 크기와 주파수를 갖되 위상이 반대인 힘을 가할 수 있으면 이론적으로는 차체가 언제나 완벽한 수평을 유지할 수 있다.

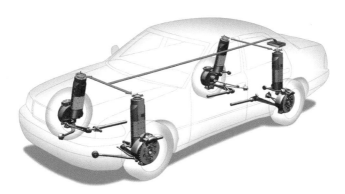

오디오 기술력을 자동차 영역에까지 적용시킨 보스의 능동 현가장치

하지만 1톤이 넘는 자동차의 무게를 고려하면 음향소음취소의 노하우가 서스펜션에 실제로 적용 가능하다는 보장은 없었다. 또 설혹 그게 가능하다고 할지라도 자동차회사들이 관심을 보이지 않으면 헛일이었다. 다시 한 번 얘기하지만 오디오 만드는 회사가 개발한 서스펜션에 손톱만큼이라도 관심 가질 자동차회사를 상상하기란 참으로 어려웠다. 그래도 그는 호기심을 억누를 수가 없었다. 그는 그게 가능할지 정말로 궁금했다.

보스는 엄청난 호기심의 소유자였다. 직원들이 보스에게 "그건 불가능합니다."라고 말하면, 그는 "오, 그럼 이건 진짜 멋진 일이 될 수 있겠는걸!" 하고 오히려 더 흥분하곤 했다. 그래서 우선 한번 개발해보기로 결정했다. 우선 '발명'해 놓고 쓸 데가 있는지 나중에 찾아보겠다고 생각한 거였다.

그때가 1986년이었다. 이러한 능동 현가장치가 가능하기 위해선 굉장히 출력이 크고 정밀도가 높은 선형 서보모터와 아주 빠른 속도의 제어 컴퓨터가 필요했다. 이 둘 중 어느 것도 당시엔 존재하지 않았다. 선형 서보모터란 모터에 의해 움직이는 부분이 회전운동이 아니라 직선운동을 하는 서보모터를 말한다. 그래도 보스는 굴하지 않았다. 이에 대한 프로젝트를 개시했다. 이 프로젝트의 공식 명칭은 '프로젝트 사운드(Project Sound)'로 명명됐다. 회사 외부 사람들이 당연히 오디오 관련 프로젝트겠거니 하고 생각하게 만드는 이름이었다.

처음 5년 동안은 관련된 차량 동역학 문제만 검토하고 또 검토했다. 앞에서도 나왔지만, 보통 회사라면 열 번도 넘게 해고당할 일이었다. 하지만 보스에겐 문제되지 않았다. 상장되지 않은 자기 회사인데 누가 문제를 삼겠는가 말이다. 그리고 결국 2010년 시제품을 세상에 알렸다. 24년 동안 끊이지 않고 진행된 '프로젝트 사운드'의 결과였다. 보스 서스펜션 시스템을 장착한 렉서스의 주행시험 영상을 보면 신기할 정도로 차체가 수평을 유지하고 있는 것을 볼 수 있다.

보스는 이 결과에 대해 다음과 같이 말했다.

"자동차회사 CEO들의 평균 임기는 4.7년밖에 되지 않아요. 그러니 그가 장기 개발 프로젝트에 돈을 투자할 리가 없는 거죠. 그 결과 미국이 테크놀로지적 리더십을 잃고 있는 겁니다."

보스 코퍼레이션에는 다른 회사들에 흔한 비전이나 사명, 선언문 따위는 없다. 이에 대한 보스의 생각은 이렇다. 앞으로 5년 뒤, 10년 뒤에 뭘 하고 있을지 지금 어떻게 알겠냐는 것이다. 호기심이 가는 테크놀로지적 문제가 있다면 그게 무엇이든 보스는 새롭게 프로젝트를 시작해왔다. 그러곤 해결될 때까지 오랫동안 그걸 계속해왔다. 누구나 무언가에 호기심을 가질 수는 있다. 하지만 24년 걸려서라도 그걸 해결해내고 마는 사람은 극히 드물다. 이런 게 진짜 엔지니어의 모습인 것이다.

단언컨대 발명은 필요에 의해 만들어지지 않는다. 우선 만들어놓고, 그다음에 그 발명품으로 무얼 할 수 있는지를 깨닫게 된다. 발명이 필요를 만든다.

아마르 보스는 2013년 7월 12일, 85세 나이로 세상을 떠났다.

4

보행로봇의 지존,
마크 레이버트의 보스턴 다이나믹스

Boston Dynamics

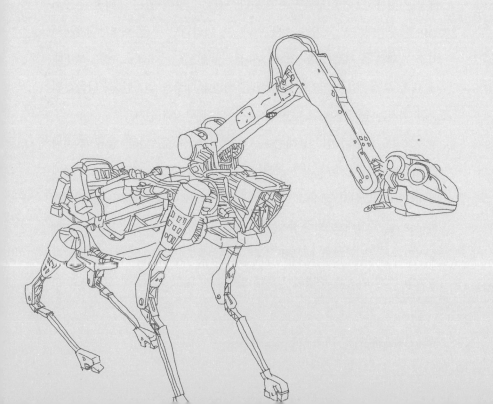

미 해병과 함께 훈련하는
네 발 달린 빅독, 알파독, 스팟

미 해병대와 관련된 기지 중에 가장 악명 높은 곳은 아마도 쿠바 영내의 관타나모 기지일 것이다. 좀 더 엄밀하게 얘기하자면 관타나모는 미해군 기지지 미 해병대 기지는 아니다. 다만, 그곳에 있는 테러범 수용소경비를 해병대가 맡고 있을 따름이다. 또 관타나모 주둔 해병부대에서의 가혹 행위를 소재로 만든 영화 〈어 퓨 굿 맨(A few good men)〉도 해병대에 대한 부정적인 이미지에 일조했다. 해병대 대령을 연기한 잭 니콜슨의 소름 끼치는 연기를 보고 나면 그런 선입견에 빠지기 쉽다.

그래도 알고 보면 미 해병대는 기존의 미 육군, 해군, 공군에 비해꽤 합리적인 면이 적지 않은 조직이다. 해병대는 기본적으로 엘리트 정예부대라는 자부심이 강하다. 위 영화 제목은 해병대를 상징하는 공식적인문구로 글자 그대로 소수정예를 뜻한다. 반면 해군과 육군으로부터 늘들러리 취급을 당하기 때문에 소수자의 설움도 모르지 않다. 그래서 자신들의 존재 의의를 증명하기 위해 안주하지 않고 치열하게 고민하고 시도하는 게 해병대의 본모습에 가깝다.

2015년 9월 16일, 새로운 지원자들이 해병대에 입대할 수 있는지 알아보기 위한 테스트가 콴티코 기지에서 벌어졌다. 멀리서 보면 군견을 선발하는 테스트처럼 보였다. 다리가 넷 달린 동물이 걷다가 멈췄다 하는 등 다양한 동작을 선보이고 언덕을 내달리기도 했다. 다른 건 몰라도 명령에 대해서는 절대 복종하는 모습을 보였다. 멈추라고 하면 멈추고, 가라고 하면 갔다. 특히 적이 매복해 있을지도 모르는 건물 내부로 병사들을 대신해서 용감하게 먼저 뛰어드는 모습이 꽤 인상적이었다.

사실 이날 테스트를 받은 건 개가 아닌 로봇이었다. 개를 본떠서 만든 이른바 4족 보행로봇으로 이름은 스팟이었다. 원래의 단어 뜻이 '바로 지금 여기'인 스팟의 몸무게는 73kg 정도로 결코 가볍지 않다. 하지만 무게를 짐작하지 못할 정도로 움직임은 충분히 날렵하고 민첩했다.

개를 닮은 로봇 병사라는 아이디어가 신선하다 해도 막상 구체적인 관심을 보이는 군은 없었다. 그냥 과거에 하던 대로 하면서 진급이나 기다리면 될 일을 괜히 나섰다가 경력에 누가 될 수도 있기 때문이었다. 그러나 해병대는 달랐다. 귀중한 해병대원들의 생명을 아낄 수 있고 또 임무 수행에 도움이 된다면 개똥이라도 아무 편견 없이 가져다 쓸 수 있는 실무적 조직이기 때문이었다.

실제로 미 해병대는 스팟의 탄생에 일조했다. 해병대 산하의 전쟁전투 실험부(Warfighting Lab)가 다르파(DARPA), 즉 미국의 방위고등연구사업청과 함께 스팟의 개

개를 본떠서 만든 4족 보행로봇 스팟

발을 후원했기 때문이다. 즉 미 해병대의 후원이 없었다면 스팟은 세상의 빛을 보지 못했을 거라는 얘기다. 이날 테스트를 참관한 전쟁전투 실험부의 대위 제임스 피네이로는 다음과 같이 말했다.

"우리는 이런 방식의 4족 보행로봇 테크놀로지를 계속 시험해보고 싶습니다. 그리고 이를 통해 해병대의 전투 수행 능력을 증진시킬 방법을 찾고 싶습니다."

미 해병대가 네발 달린 로봇에 직접적인 관심을 갖기 시작한 건 스팟이 처음이 아니었다. 시작은 '큰 개'라는 뜻의 로봇 '빅독'이었다. 기본적으로 자동화된 수송로봇편대의 구성원으로서 2005년에 시제품이 공개된 빅독은 머리가 없는 노새가 연상되는 다소 징그러운 외관을 갖고 있다.

도로가 있는 곳이라면 물론 수송차량에 의존하면 되지만, 그렇지 않은 험지는 병사들이 직접 물자를 날라야 하는 부담이 크다. 이때 병사들이 가는 곳이라면 어디든 뚜벅뚜벅 쫓아다니면서 무거운 짐을 운반해주는 노새 역할이 바로 빅독에게 요구된 임무였다. 본래 구상한 개념이 로봇 당나귀였고 그래서 이름도 글자 그대로 '로봇 당나귀(Robot Ass)'로 지으려고 했다. 하지만 '로봇 멍청이' 혹은 '로봇 엉덩이'라는 의도치 않은 뜻으로 이해될 수 있다는 지적이 있어 결국 빅독으로 결정됐다.

몸무게가 110kg인 빅독은 최대 150kg의 짐을 질 수 있고 시속 6.4km의 속도로 보행이 가능하다. 게다가 35도 경사의 언덕도 오를 수 있고 눈밭도 문제없으며 벽돌이 무너져 있는 잔해더미도 한 발씩 떼면서 용케 지나는 재주꾼이다. 특히 놀라운 것은 걸어가고 있는 빅독을 옆에서 세게 걸어차도 넘어지지 않고 비틀거리면서 다시 균형을 잡는다는 점이었다.

마치 살아 있는 소를 보는 듯한 착각이 들 정도로 자연스러운 움직임을 보여준다.

다르파의 자금으로 개발됐던 빅독이 놀라운 성능을 보이자 판이 커졌다. 다르파가 다시 추가 자금을 대고 미 해병대가 스폰서로 들어온 것이다. 좀 더 무거운 짐을 질 수 있도록 크기를 키우는 것을 포함해 여러 개선 요구사항이 있었지만, 가장 큰 요구사항은 조용한 빅독을 만들어달라는 거였다.

빅독은 오토바이 엔진 같은 2행정 단기통의 15마력짜리 가솔린 엔진을 갖고 있고, 이 힘으로 유압 액추에이터를 구동하여 보행한다. 유압 액추에이터는 전기모터처럼 로봇이 걷거나 일을 할 수 있도록 해주는 기계 장치로 힘은 좋지만 소음이 큰 단점이 있다. 해병대의 요구가 터무니없지 않은 것이, 털털거리는 엔진 소리에 유압장치의 끼익 소리까지 나는 빅독을 데리고 적 부대에 은밀하게 접근한다는 건 코미디나 다름없는 상황이기 때문이다.

그 결과 2012년 농담으로 더 큰 개, 즉 '비거독'이라고도 불리는 신형 4족 로봇이 선보였다. 공식 명칭은 알파독 혹은 LS3로서 200kg의 짐을 싣고 24시간 연속으로 가동할 수 있으며, 30km 이상 주파할 수 있는 능력을 가졌다. 또한 '라이다'라고 부르는 레이저를 이용한 거리 측정기와 GPS, 그리고 카메라를 통해 사람이 직접 원격 조종하지 않아도 혼자 힘으로 해병대원들을 잘 쫓아올 수 있다. 게다가 말로 명령을 내리면 알아듣고 시각적 명령도 인식할 수 있는 인공지능도 갖췄다. 알파독의 소음은 빅독의 10분의 1 정도로 대폭적인 개선이 이뤄졌지만 여전히 전술 상황에 투입하기에는 시끄럽다는 평가를 받았다.

그래서 다시 한 번 좀 더 조용하게 만들 수 있는지 알아보기 위해 다르파가 돈을 댔다. 그렇게 해서 나온 게 바로 '스팟'이었던 것이다. 스팟은 가솔린 엔진을 없애버리고 오직 전기 배터리의 힘만으로 작동한다. 덕분에 상당히 조용해졌다. 그 대신 최대 적재용량이 18kg으로 짐 싣는 능력이 형편없이 줄고 말았다. 미 해병대는 결국 2015년 12월 말, 스팟의 실전 투입을 보류하는 결정을 내렸다. 다르파가 그동안 알파독과 스팟에 들인 420억 원이란 돈은 4족 보행로봇 테크놀로지의 가능성을 확인하는 선에서 그치고 말았다.

절반의 성공에 그치긴 했지만 다르파의 재정 지원 덕분에 보행로봇은 좀 더 현실에 가까워졌다. 이 모든 것은 미군이 전장에 투입할 수 있는 로봇에 지대한 관심이 있기 때문에 가능한 일이다. 미군은 인명 손실을 줄일 수 있는 테크놀로지 개발에 열을 올려왔다. 사실 그러한 목적에 부합하기만 한다면 꼭 로봇이 걸어야 할 필요는 없다. 실제로 이미 미군이 실제 전장에 투입하고 있는 로봇들은 단순한 무한궤도로 굴러다닌다. 사람 병사와 로봇 병사의 합동 작전은 이미 현실이다.

그렇지만 언젠가 다리를 가진 보행로봇이 전장을 누비지 말란 법은 없다. 테크놀로지의 축적과 진화가 언젠가는 그런 때를 실현시킬 것이기 때문이다. 그리고 그 선두에 한 회사가 있다. 위의 빅독, 알파독, 스팟 모두 이 회사의 시제품이다. 바로 보스턴 다이나믹스다.

군용 로봇 개발을 선도하는
세 회사 중 발군인 보스턴 다이나믹스

로봇은 늘 경멸과 공포라는 이중적인 감정을 불러일으키는 대상이었다. 노예라는 뜻을 갖는 체코어에서 유래된 로봇의 이미지는 사람이 마음대로 부려먹을 수 있는 기계와 사람을 능가하는 힘과 지능을 가진 괴물 사이를 왔다 갔다 한다. 지능까지는 아직 몰라도 힘에 관해서는 도저히 사람이 상대가 될 수 없는 로봇의 가능성에 군대는 항상 눈독을 들여왔다.

군용 로봇을 얘기할 때 무인항공기는 별개의 영역이라 본다면, 남는 것은 지상에서 쓰는 로봇들이다. 지상군용 로봇을 만드는 회사로는 세 곳이 유명하다. 아이로봇, 포스터-밀러, 그리고 보스턴 다이나믹스다. 이세 회사의 이력을 알면 로봇 산업의 전반적인 흐름을 이해하는 데 큰 도움이 된다.

아이로봇은 MIT 교수인 로드니 브룩스, 그리고 그에게 배운 콜린 앵글과 헬렌 그레이너가 1990년에 세운 회사다. 아이로봇이라는 회사명은 유명한 과학소설가 아이작 아시모프의 소설 『아이, 로봇(I, Robot)』에서 따온 것으로, 이 소설은 월 스미스가 주연한 영화로도 잘 알려져 있다.

아이로봇의 시작은 사실 별 볼 일 없었다. 브룩스가 인공지능 분야에서 유명인사인 탓에 미국 정부가 나눠주는 소규모 하청을 받을 수 있었고, 그 덕에 1991년 젱기스라는 행성 표면 탐사용 소형 로봇을 내놨다. 그렇지만 상업적으로는 도통 신통치 않았다. 초반에 아이로봇이 주력했던 것은 로봇 장난감들이었다. 몇 년간에 걸쳐 쥬라기 공원에 나올 법한 로봇 공룡들을 밀었지만 반응이 없었다.

방향 없이 헤매고 있던 아이로봇에 구원의 손길을 내민 것은 역시나 다르파였다. 1998년 다르파는 군사용 로봇 제작을 위한 자금을 지원했고, 그 결과 팩봇이 개발됐다. 팩봇은 무게 20kg 정도의 원격조종 로봇으로 얼핏 보면 잔디 깎는 기계 같은 느낌이 든다. 초창기 대당 가격은 1억 5,000만 원 정도였는데 지금은 많이 낮아져서 대당 4,500만 원 정도다.

'플리퍼'라고 부르는 일종의 무한궤도가 2단으로 설치된 팩봇은 다양한 임무를 수행할 수 있다. 가령 부대가 직접 진입하기 전에 시가지나 건물 내부로 팩봇을 투입해 시각적 정보를 입수하는 정찰이 그 한 예다. 아이로봇은 팩봇을 일컬어 플랫폼이라고 얘기하기를 즐긴다. 무슨 말이냐하면, 카메라 같은 기본적인 정찰 장비 외에도 지뢰탐지기라든가 생화학무기 센서 등 임무에 따라 필요한 장비를 교체 장착할 수 있다는 얘기다.

그러나 팩봇이 전장에서 정말로 명성을 떨친 분야는 IED라는 약자로 많이 나타내는 급조폭발물 처리였다. 이라크 반군에 의해 광범위하게 사용된 급조폭발물은 설치하는 쪽의 수고에 비해 당하는 쪽의 피해가 큰 비대칭적 특성이 있다. 게다가 이의 처리는 그동안 전적으로 사람의 손에 맡겨져 있었던 바, 폭발물 처리부대원들의 인명 피해는 차마 눈뜨고는 볼수 없는 지경이었다. 그토록 위험한 작업을 이제는 팩봇이 대신해주니 현장의 부대원들이 얼마나 열렬히 이를 반겼을지 짐작 가능하다.

팩봇의 성공으로 자신감이 붙은 아이로봇은 2002년 대박을 터트렸다. 바로 청소 로봇 룸바를 내놓은 것이다. 룸바는 지름이 33cm, 높이 7.5cm의 원반처럼 생긴 로봇으로 혼자서 집 안을 돌아다니면서 먼지를 빨아들인다. 여기에 약간의 인공지능도 갖추고 있어 계단을 만나면 뒤돌아가고 배터리가 거의 다 떨어졌다 싶으면 알아서 충전대로 귀환하는 귀여운 면도 있다.

사실 아이로봇의 룸바가 최초의 로봇 청소기는 아니었다. 가전분야에서 잔뼈가 굵은 스웨덴의 일렉트로룩스가 내놓은 제품이 이미 2001년에 시판됐다. 어쨌거나 최초 여부와 무관하게 룸바는 공전의 히트를 쳤다. 2004년까지 100만 대가 넘게 팔렸던 것이다. 이러한 성공을 바탕으로 아이로봇은 2005년 나스닥에 상장됐다.

알고 보면 민간용 로봇인 룸바도 군사용 테크놀로지와 완전히 무관하다고 볼 수는 없다. 아이로봇이 1997년 미 공군을 위해 개발한 훼치라는 로봇이 룸바의 모체였기 때문이다. 훼치는 비행장에 떨어진 포탄 파편을 알아서 치울 수 있다는 슬로건을 표방했는데, 미 공군이 보기에 설득력이 그다지 있지는 않았다. 하지만 포탄 파편 대신 집 안의 먼지로 목표를 바꾸고 나니 온 세상이 열광적인 호응을 보였다.

한편 아이로봇의 본사와 별로 멀지 않은 곳에 위치한 포스터-밀러도 주요한 군용 로봇 회사다. MIT 대학원생이었던 유진 포스터와 알 밀러가 1956년에 창업한 이 회사는 2000년 아이로봇의 팩봇과 유사한 로봇 탤론을 출시하면서 일약 스타로 떠올랐다. 포스터-밀러는 2004년에 영국의 방위산업체 키네틱의 자회사로 편입됐으며 거의 모든 매출이 무기 분야에서 발생하는 군수업체다. 포스터-밀러는 아이로봇과는 달리 비상장회사다.

사실 포스터-밀러의 갑작스러운 등장에는 좀 의아한 구석이 있다. 미 군부에는 명시적이지는 않지만 늘 작동하는 하나의 고약한 방침이 있는데, 그건 절대 한 회사가 독점하는 걸 눈뜨고 보지 못한다는 점이다. 그래서 한 회사가 혁신적인 테크놀로지를 들고 나오면 어느새 그 대항마가 될 수 있는 회사를 하나 키워놓곤 한다.

팩봇과 탤론에는 아무런 무기도 장착되어 있지 않다. 물론 여기에 총포를 다는 건 일도 아니다. 하지만 사람을 살상할 능력을 가진 로봇 병사가 현실화됐을 때, 이에 대한 극심한 반발도 우려하지 않을 수 없었다. 그래서 우선 비무장의 팩봇과 탤론을 통해 거부감을 없애는 쪽으로 방향을 잡았던 것이다. 좀 더 군사적 목적에 충실한 포스터-밀러는 탤론에 기관총을 단 스워즈라는 로봇을 이미 내놓았다. 2007년 3대의 스워즈는 미 육군 소속으로 이라크 전장에 투입되기도 했다. 하지만 실제로 총알을 발사하지는 않았다.

그리고 세 번째로 보스턴 다이나믹스가 있다. 당장 현장에서 써 먹기에 별로 어려움이 없는 아이로봇이나 포스터-밀러의 무한궤도 장착 군용 로봇에 비해 보스턴 다이나믹스가 지향하는 로봇은 좀 더 동물을 닮았다. 즉 보스턴 다이나믹스는 다리에 특화된 로봇 회사다. 한마디로 로봇 다리에 관한 한 세계 최고의 테크놀로지를 자랑한다. 앞에서 언급한 빅독이나 스팟 외에도 최고 시속 45km로 달릴 수 있는 로봇 치타와 이를 좀 더 개량한 와일드캣 등 다양한 4족 보행로봇을 갖고 있다. 이 중 치타의 최고 시속은 다리 달린 로봇 중 단연코 제일 빠르다.

그게 다가 아니다. 휴머노이드, 즉 인간을 닮은 로봇에 관해서도 보스턴 다이나믹스는 세계 최고 수준이다. 2009년에 처음 공개된 펫맨은 사람처럼 걷는다. 걷다가 서기도 하고 또 쪼그려 앉을 수도 있다. 옷을 입혀 놓으면 그 움직이는 모습이 거의 사람과 구별되지 않을 정도다. 이 또한 다르파의 자금으로 개발됐다. 화학무기 방호복의 밀폐 성능 등을 평가할 목적으로 펫맨을 개발했다고는 하지만 그게 목적의 전부일 리는 없다.

2013년 펫맨을 개량한 아틀라스는 현용 휴머노이드 중 가히 최고라고 할 만한 테크놀로지를 뽐낸다. 2015년 현재 아틀라스와 비교할 만한 로봇은 일본의 자동차회사 혼다의 올-뉴 아시모 정도다. 원래 휴머노이드는 일본의 전유물이라고 해도 무리가 없을 정도로 일본이 독주하던 분야다. 혼다의 아시모 외에 일본의 산업기술총합연구소(AIST)가 개발해온 HRP 시리즈에도 세계 최정상급의 휴머노이드 테크놀로지가 축적되어 있다. 그러나 사실 알고 보면, 아시모의 초기 모델을 혼다와 산업기술총합연구소가 공동으로 개발했다.

보스턴 다이나믹스가 만든 로봇들. 왼쪽부터 올드 아틀라스, 차세대 아틀라스, 빅독, 와일드캣, 알파독

　인간을 닮은 로봇이 더 이상 공상이 아니듯, 어쩌면 경멸과 공포가 아닌 제3의 감정이 사람과 로봇 사이에 가능할지도 모른다. 그건 바로 애착 혹은 유대관계다. 자동차를 너무나 사랑하는 독일 남자들은 자신의 애마에게 다정하게 말을 걸곤 한다. 이라크에서 복무한 폭발물 처리부대원들은 자신들을 대신해서 폭발물을 해체하다 폭파된 팩봇에 대해 단순한 연민 이상의 감정을 느낀다. 진급을 시키기도 하고, 또 훈장을 수여하는 등 이들 로봇들을 마음 깊숙이 동료로서 받아들인다. 함께 싸웠고 자기희생도 마다하지 않은 로봇을 병사들은 일개 물건 취급할 수 없는 것이다.

로봇 다리 연구로 일가를 이룬
로봇계의 싸이

　보스턴 다이나믹스의 창업주는 마크 레이버트다. 로봇 분야에 관심이 별로 없는 사람이 레이버트의 이름을 들어보았을 리 만무하다. 하지만 로보틱스에 조금이라도 발을 걸치고 있는 사람에게 레이버트는 반쯤 우상에 가깝다. 혹자는 그를 가리켜 '로봇계의 싸이'라고 부르기도 한다. 갑자기 툭 튀어나와서 모두를 무릎 꿇렸고, 또 어느 누구에 의해서도 쉽게 대치될 수 있을 것 같지 않아서다.

레이버트가 개발한 보행로봇들의 진가는 로봇을 개발해본 엔지니어들이 제일 잘 안다. 가령 아이로봇의 팩봇이나 다지앙의 드론을 보면 "나도 저 정도는 할 수 있다."고 말하기 쉽다. 그러나 보스턴 다이나믹스의 빅독이나 펫맨을 보고 그런 말을 할 수 있는 사람은 극히 드물다. 그 정도로 레이버트는 독보적이다.

1949년에 태어난 레이버트에 대한 정보는 생각보다 많지 않다. 노스이스턴 대학에서 전기공학으로 학부를 마친 게 1973년이고, 이어 4년 뒤인 1977년에 MIT에서 박사학위를 받았다. 박사논문 제목은 「운동제어와 상태공간모델에 의한 학습」으로 제어 분야의 전형적인 주제라고 할 수 있다.

학위를 마친 레이버트가 첫 직장으로 선택한 곳은 이 책의 마지막 장에 소개되는 제트 프로펄션 랩이었다. 학부부터 대학원까지 미국 동부의 보스턴에서만 지낸 레이버트에게 미국 서부의 패서디나에 위치한 제트 프로펄션 랩이 일종의 낙원처럼 느껴졌을지도 모르겠다. 참고로 제트 프로펄션 랩은 미국 정부의 우주개발을 책임지고 있는 나사(NASA)의 여러 엔지니어링 조직 중 가장 명성이 높은 곳이다. 그는 이곳에서 센서와 제어를 담당하는 기술요원으로 3년간 일했다.

1980년 레이버트는 미국 동부의 피츠버그에 있는 카네기멜론 대학으로 자리를 옮겼다. 카네기멜론 대학의 컴퓨터과학과는 미국에서 수위를 다투는 곳이며, 특히 로보틱스 인스티튜트는 로봇에 대한 다학제적 연구로 유일무이한 곳이다. 레이버트는 양쪽에 모두 소속된 상태로 자신의 실험실을 열었다. 이름하여 '레그 랩(Leg Lab)'이었다. 말 그대로 다리에 대한 모든 것을 연구하는 실험실이었다.

레이버트가 사람과 로봇의 다리 연구로 명성을 쌓아가자 스카우트의 손길이 그에게 다가왔다. 자신의 모교인 MIT였다. 레이버트는 흔쾌히 이를 받아들였다. 전기공학과와 컴퓨터과학과의 양쪽 모두에 속한 상태로 카네기멜론 대학 시절과 똑같은 이름의 레그 랩을 MIT에 열었다.

레이버트는 MIT 교수로 활동하던 1992년 회사를 창업했다. 그게 보스턴 다이나믹스였다. 이상하게 들릴 수도 있겠지만 보스턴 다이나믹스는 원래 로봇 회사가 아니었다. 레이버트가 주로 하던 것은 동물과 사람의 동작을 동역학적으로 묘사하여 시뮬레이션하는 작업이었다. 이런 프로그램을 개발해서 상업적으로 판매하는 게 보스턴 다이나믹스가 목표로 하던 비즈니스였다. 그래서 회사 이름에도 동역학을 나타내는 다이나믹스가 들어갔다.

그러다가 레이버트는 아예 이쪽에 승부를 걸기로 결심하고 1995년 MIT를 그만뒀다. 교수라는 직업을 유지하기 위해 해야 하는 일련의 일들이 시간만 잡아먹을 뿐이라고 생각해서였다. 그리고 전업으로 보스턴 다이나믹스의 일에 몰두했지만 초반의 성과는 조촐하기 짝이 없었다.

그러다 우연히 기회가 찾아왔다. 일본의 거대기업 소니였다. 소니는 레이버트에게 자신들의 장난감 강아지 로봇인 아이보가 뛸 수 있도록 하는 제어 프로그램을 만들어달라고 요청했다. 레이버트는 기쁜 마음으로 이를 수행했다. 결과가 나쁘지 않았던지 소니는 다시 큐리오라는 로봇이 춤을 출 수 있게 하는 프로그램 개발을 의뢰했다. 큐리오는 60cm 키에 몸무게가 7.3kg의 소형 휴머노이드로 시제품만 공개되고 완성품은

보스턴 다이나믹스가 개발한
프로그램으로 작동되는 큐리오

나오지 못했다. 2006년 소니가 로봇사업부를 구조조정하면서 개발 프로젝트가 자동적으로 폐기됐기 때문이다.

소니의 장난감 로봇 개발에 참여한 이력이 생기자 보스턴 다이나믹스의 입지가 단단해졌다. 그 결과 2003년 다르파로부터 빅독 개발에 대한 프로젝트를 수주하게 됐다. 보스턴 다이나믹스로서는 진정한 의미의 실물 로봇에 대한 최초의 계약이었다. 다르파는 보스턴 다이나믹스가 전적으로 미덥지는 않았는지 예의 포스터-밀러도 프로젝트에 끼워넣었다. 빅독의 성공적 시연 이후의 프로젝트들은 보스턴 다이나믹스가 단독으로 수행하고 있다.

보스턴 다이나믹스는 2013년 12월 구글의 비밀스러운 연구개발 조직인 구글 X에 인수됐다. 구글 X는 2010년부터 무인자율차를 개발해온 곳으로, 로봇과 관련된 모든 것을 집어삼키다시피 하고 있다. 가령 2013년 한 해 동안 인수한 로봇 회사가 보스턴 다이나믹스를 포함해서 모두 8곳이다. 인수 조건은 외부에 알려지지 않았지만, 회사 매각을 통해 레이버트가 엄청난 재산을 갖게 됐음은 틀림없다.

하와이식 꽃무늬 셔츠를 아무 때나 즐겨 입는 레이버트는 괴짜다. 여기서 아무 때나란 공식 석상을 포함하는 말이다. 억만장자가 됐으니 더더욱 사람들의 시선은 신경 쓰지 않는다. 레이버트의 외모는 영화 〈아이언맨〉에서 토니 스타크를 배신하는 오베디아 스탠이라는 아버지 친구를 꼭 닮았다. 하지만 이제 그는 토니 스타크에 좀 더 가깝다. 자신이 대중적 유명인사가 됐다는 것을 아는 그는 다음과 같이 말했다.

"교수였을 땐 논문 편수나 인용 횟수 같은 거에 신경 썼죠. 하지만 이제 제가 관심을 쏟는 숫자는 유튜브 조회 숫자입니다."

그의 진심을 좀 더 순화시켜 표현해보자면 이렇다. 카네기멜론 대학과 스탠퍼드 대학의 교수였고 구글의 무인주행차 개발을 이끌었던 세바스찬 쓰룬이 한 말이다.

"연구논문을 쓰는 것만으로는 충분하지 않습니다. 실제로 만들어서 상용화해야 세상을 바꿀 수 있습니다."

레이버트의 이력을 보면 볼수록 나는 다음의 생각을 머릿속에서 지울 수가 없다. 만약 그가 한국에서 태어났다면 어떻게 됐을까다. 앞서 얘기했듯이 레이버트의 학부는 노스이스턴 대학이다. 시카고 근방의 에반스턴에 있는 노스웨스턴 대학과 혼동하면 안 된다. 노스이스턴 대학은 보스턴에 있는 대학으로 이른바 남들이 부러워할 만한 학교는 아니다. 그럼에도 MIT가 박사과정 입학허가를 준 것으로 보건대 아마 학부 때 발군의 실력을 보였을 것이다. 그리고 4년 만에 학위과정을 마침으로써 MIT 입학허가위원회의 결정이 틀리지 않았음을 증명했다. 지금 현재의 레이버트를 감안하면 당시의 입학허가위원회는 홈런도 그냥 홈런이 아니라 만루 홈런을 날렸다.

한국에서는 노스이스턴 대학 같은 학부를 나오는 순간 실력을 인정받기 너무나 어렵다. MIT에서 박사학위를 받아도 결과는 별로 달라지지 않는다. 왜냐하면 학부 이후의 이력은 별로 중요한 게 아니라는 괴상한 관념이 박혀 있어서다. 오직 어느 대학 어느 과에서 학사과정을 마쳤는가

만을 따진다. 이걸 실력이 아닌 신분으로 인식하기 때문이다. 그런 탓에 모두들 대학을 어디로 가는가에 그토록 목을 맨다. 21세기에 이런 일이 벌어지고 있다는 건 정말로 슬픈 일이다.

얘기가 나온 김에 학교 이름 얘기도 한번 해보자. 미국의 모든 대학들이 다 유니버시티라는 이름으로 불리지는 않는다. 대표적인 곳으로 칼텍과 MIT가 있다. 우리말로 써놓으면 전혀 다른 이름 같지만, 영어로는 두 학교 모두 '주 이름 + 인스티튜트 오브 테크놀로지'라는 구조로 똑같다. 인스티튜트는 우리말로 보통 '기관', '원' 등으로 번역한다. 그러니까 MIT는 '매사추세츠(에 있는) 테크놀로지(를 연구하고 가르치는) 기관'이다.

앞에서도 얘기했듯이 적절한 번역은 아니지만 사람들은 테크놀로지를 습관적으로 기술이라고 옮긴다. 그러니까 '매사추세츠기술원'이라고 할 만하다. 그러나 어느 누구도 이렇게 부르지 않는다. 이렇게 부르겠다고 하면 MIT를 다닌 한국 사람들은 화를 낼 것 같다. 농담이 아니라 진심으로 하는 얘기다. 왜일까?

이유는 기술원 그러면 뭔가 2류처럼 느껴지기 때문이다. 기술과 무관한 대부분의 사람들이 기술을 그런 식으로 낮춰 보기 때문이다. 예전 한국과학기술원 시절 대학원생들 사이에 널리 퍼졌던 얘기 중에 이런 게 있었다. 대학원생 한 명이 대전에서 버스를 타고 가다가 할머니에게 자리를 양보했다. 할머니는 고마운 마음에 학생에게 물었다.

"어디 다녀요?"

과기원 석사과정이었던 학생은 자부심 가득 찬 목소리로 대답했다.

"한국과학기술원에 다닙니다."

그러자 할머니가 혀를 차며 말했다.

"쯧쯧, 착한 학생인데 안됐구려. 공부를 못하면 기술이라도 열심히 배워야지."

할머니는 버스 방향으로 보건대 충남대를 다니는 학생이라고 짐작했는데, 갑자기 들어보지 못한 무슨 기술원이라고 하니 별 볼 일 없는 청년이라고 생각을 고쳤던 것이다. 말투도 존대에서 갑자기 하대로 바뀐 것에 주목하자. 20여 년 전 얘기지만, 지금이라고 과연 얼마나 달라졌을까.

MIT를 매사추세츠 공과대학이라고 부르는 사람도 일부 있다. 공과대학이라고 하면 기술원보다는 좀 낮지만 여전히 약간 없어 보인다고 생각하는지 막상 이 학교를 졸업한 한국 사람들은 싫어한다. 사실 공과대학이라는 명칭은 일본에서 쓰는 말이다. 그런데 난처한 일이 또 있다. 앞의 2장에서 나왔던 도쿄 인스티튜트 오브 테크놀로지는 도쿄 공과대학이 아니라 도쿄 공업대학이다. 그러니까 진짜 일본어로 인스티튜트 오브 테크놀로지는 공업대학인 것이다. 그렇지만 MIT를 매사추세츠 공업대학이라고 부르겠다고 하면 펄쩍 뛸 것이다. 이래저래 억압되고 단절된 우리의 테크놀로지 역사는 이름 하나 제대로 부르지 못하게 만든다.

휴머노이드 테크놀로지와
다르파 로보틱스 챌린지

이번에는 휴머노이드의 테크놀로지에 대해 얘기해보도록 하자. 휴머노이드 테크놀로지 얘기를 할 때 절대 빠질 수 없는 이벤트가 하나 있다. 바로 DRC라는 약자로도 많이 불리는 다르파 로보틱스 챌린지다.

다르파 로보틱스 챌린지는 2011년 일본 후쿠시마의 원자력 발전소 사고 이후 기획된 일종의 경진대회다. 다르파는 이런 식의 경진대회를 이전

극한 상황을 가정하고 로봇이 얼마나 잘 대처할 수 있는지를 겨루는
다르파 로보틱스 챌린지

에도 개최한 적이 있었다. 2004년과 2005년에 했던 그랜드 챌린지는 무인자동차가 꼬불꼬불한 도로를 얼마나 빠르게 주파할 수 있는지를 겨루는 대회였고, 2007년의 어반 챌린지는 도심에서 무인자동차의 능력을 테스트하는 대회였다. 로보틱스 챌린지는 원자력 발전소 사고와 같은 극한 상황을 가정하고 로봇이 얼마나 이에 대처할 수 있는지를 평가하는 대회였다.

과거 로봇 분야에서 인간을 닮은 로봇은 그렇게 인기 있는 주제가 아니었다. 임무를 잘 수행하는 게 중요하지 사람을 닮은 건 중요하지 않다는 논리였다. 새를 예로 들어보자. 인간은 새를 보면서 하늘을 날고 싶은 꿈을 늘 꾸었다. 그렇지만 새를 모방하여 날개를 휘젓는 방식으로 하늘을 날겠다는 건 무모한 일이었다. 하늘을 날기 위해선 충분한 양력을 발생시키는 게 핵심이었고, 그래서 오늘날의 비행기들은 얇고 긴 날개를 갖고 있다. 굳이 새처럼 만들 필요가 없는 것이다.

한편으로는 동물이나 사람의 동작을 그대로 모방하는 것이 너무나 어려운 탓도 있었다. 작은 장난감 로봇이 곧잘 움직이는 걸 보면 이런 로봇을 움직이게 하는 게 별것 아닌 것처럼 보일 수도 있다. 하지만 무게가 문제다. 로봇이 뭔가 쓸모 있는 일을 할 수 있을 정도로 커지면 최소 수십 킬로그램은 나간다. 그만큼 로봇의 움직임으로 인한 관성력이 커져 다루기가 쉽지 않다. 한마디로 말해 균형을 잡기가 너무나 어렵다는 얘기다.

하지만 후쿠시마 원전 사고는 이런 인식과 제약을 근본적으로 다시 재검토하게 만드는 계기가 됐다. 그런 곳에 사람이 직접 들어가 작업할 수는 없다. 방사선에 노출되어 목숨이 위태로워지기 때문이다. 그렇다고 기존 로봇에게 그런 작업을 맡길 수도 없다. 바퀴나 무한궤도로 굴러다니는 기존 로봇은 약간의 높이 차이나 계단을 돌파할 재간이 없어서다. 결국 인간이 사는 환경에서 가장 효율적인 로봇은 어쩌면 인간을 닮은 로봇일지도 모른다는 생각을 하기 시작한 것이다.

다르파는 각각의 챌린지 최종 결선 상금으로만 35억 원을 내걸었다. 1등이 20억 원, 2등이 10억 원, 3등이 5억 원을 받는다. 로보틱스 챌린지도 예외는 아니었다. 이전의 그랜드 챌린지나 어반 챌린지의 경우, 각 팀마다 최소한 한 명의 미국인이 있어야 했다. 그렇지 않으면 참가가 불가능했다. 그런데 로보틱스 챌린지에서는 문호를 개방해 외국인으로만 구성된 팀도 참가가 가능해졌다.

적지 않은 돈을 내걸고 경진대회를 주최하는 다르파의 속셈은 무엇일까? 틀림없는 한 가지는 개발 프로젝트의 효율성을 좀 더 올리자는 생각이다. 이전에는 가능성을 보이는 회사와 학교에 대해 개별적으로 자금을 제공했다. 그런데 그중에는 상당 부분 겹치는 프로젝트들도 꽤 있었다. 그래서 미리 대회 규칙을 공표해놓고 그에 따른 공개 경쟁을 시킴으로써 엔지니어들이 좀 더 혼신의 힘을 다해 개발하도록 하겠다는 것이다. 이런 방식을 나쁘게 볼 필요는 없을 것 같다. 공정하게만 대회를 운영한다면 오히려 긍정적인 측면이 많아 우리나라의 관련 부처에서도 잘 참고했으면 한다.

또 다른 한 가지 속셈은 다르파의 안테나 바깥에서 활동하는 엔지니어들의 실력을 파악하는 측면이다. 다르파의 돈을 받지 못해서 안달인 회사나 학교도 있지만, 반대로 다르파의 돈이라면 받지 않겠다는 사람들도 적지 않다. 아무리 거창한 명분을 내세워도 결국 다르파의 존재 이유는 미국의 군대와 방위산업체의 테크놀로지 향상에 있다. 개별적으로 전 세계에 있는 모든 회사와 학교의 수준을 파악하려면 매우 어렵지만 이렇게 대회를 열면 공명심에 알아서 몰려드니 훨씬 편하다.

사실 로보틱스 챌린지에서 외국팀에 문호를 개방한 결정적인 이유는 일본 때문이었다고 본다. 앞에서도 얘기했지만 인간을 닮은 로봇이라는 주제에 집착에 가까운 열광적인 반응을 보이는 유일한 나라는 일본이다. 일본이 로봇 전반에 그토록 열광하는 이유는 고령화 현상에서 찾을 수도 있다. 어쨌든 이유가 무엇이건 간에, 일본은 어느 누구도 이에 관심을 보이지 않을 때부터 테크놀로지를 차곡차곡 축적하여 세계 최고의 휴머노이드 강국으로 올라섰다. 그 정점에 있는 것이 혼다의 아시모와 산업기술 총합연구소의 HRP 시리즈다.

보스턴 다이나믹스를 통해 갑자기 휴머노이드의 가능성에 눈을 뜬 다르파는 일본의 휴머노이드가 눈에 걸렸다. 가뜩이나 군대의 무인화, 로봇화를 적극적으로 추진하고 있는 미국으로선 펫맨이나 아틀라스가 아시모에 비해 어느 수준일지 그리고 빼오고 싶은 테크놀로지가 있을지 몹시 궁금했을 것이다.

겉으로 드러난 움직임으로 봤을 때 아틀라스와 아시모는 막상막하지만, 로봇 테크놀로지의 관점으로도 둘은 좋은 라이벌이다. 가령 아시모는 전기모터로 구동되며 이에 따라 실내 같은 평탄한 환경에서 정교한 동작들을 선보일 수 있다. 대신 힘이 상대적으로 약하고 옥외 환경에서는 뜻한 바대로 움직이지 못할 수 있다. 반면 아틀라스는 유압액추에이터로 구동되어 힘이 훨씬 좋고 험한 환경도 극복 가능하다. 하지만 전기모터를 쓰는 로봇보다 큰 에너지가 소요되고 또 시끄럽다. 단적으로 아틀라스는 일본 애니메이션에 나오는 로봇 에반게리온처럼 뒤에 파워 케이블을 장착한 상태로 가동되며 이걸 떼면 얼마 못 버틴다. 즉 각각 장단점이 있어 누가 더 낫다고 섣불리 얘기하기가 어렵다.

보다 많은 팀들의 참가를 독려하기 위해 다르파는 참가팀들이 4개 트랙 중 하나를 선택할 수 있게 했다. 트랙 A는 로봇 하드웨어와 소프트웨어를 모두 개발해 참가하는 팀들로 다르파로부터 30억 원씩 지원받는 미국 내 유력 기관들이었다. 트랙 B는 로봇 하드웨어를 개발할 능력은 없지만 소프트웨어로는 승부를 보고 싶다는 곳들로 3억 7,500만 원을 지원받았다. 트랙 C는 트랙 B와 동일한 상황이나 다르파로부터 돈을 받지 않고 자비로 참가하겠다는 팀들이었다. 마지막으로 트랙 D는 트랙 A처럼 자체 로봇 하드웨어와 소프트웨어의 풀 패키지로 참가하되 자비로 참가하는 팀들이었다.

1차 예선은 트랙 B와 트랙 C로 참가한 팀들끼리의 가상 경진대회였다. 다르파는 여기서 상위 6개 팀을 뽑아 7억 5,000만 원의 개발비를 추가로 지급하면서 최종 예선 참가자격을 줬다. 하지만 트랙 B와 C를 거친 팀들이 트랙 A와 D에서 올라온 팀들과 경쟁하기 위해선 로봇 하드웨어가 필요했다. 다르파는 109억 원을 보스턴 다이나믹스에 주고 펫맨을 업그레이드시킨 로봇 7기를 만들게 했다. 그게 바로 아틀라스였다. 그러니까 트랙 B와 C의 팀들을 통해 아틀라스의 몸체를 좀 더 잘 활용할 수 있는 테크놀로지가 있는지를 확인하려고 했다. 한편으로 아틀라스의 진정한 능력을 대외적으로 감추려는 의도도 물론 없지 않았다.

그리하여 2013년 12월 드디어 2차 예선이 벌어졌다. 트랙 A와 B는 각각 6개 팀이었고, 트랙 C에 1개 팀, 그리고 트랙 D에 3개 팀으로 총 16

개 팀이었다. 8개의 임무를 반복해서 4번에 걸쳐 수행하는 형식으로 각각의 임무에 성공하면 1점을 얻는, 그래서 모든 임무에 성공하면 32점을 얻는 방식이었다. 그리고 트랙 A, B, C에 속하는 13개 팀 중 상위 8개 팀은 개발비 10억 원을 추가로 받고, 2015년 6월의 최종 결선 참가 자격을 얻었다. 중간에 탈락했더라도 본인들이 원하면 최종 결선에 자비로, 즉 트랙 D로 참여할 수 있었다. 그리고 트랙 D라 하더라도 최종 결선 상금은 받을 수 있었다.

8개의 임무는 1) 자동차 운전, 2) 자동차 하차, 3) 입구의 잔해 제거, 4) 문 열고 건물로 진입, 5) 사다리 오르기, 6) 공구를 이용해 벽 부수기, 7) 밸브 잠그기, 8) 호스 끼우기로 구성됐다. 처음 이러한 8개 임무가 발표됐을 때 로봇 엔지니어들의 반응은 한마디로 '너무 하잖아!'였다. 당시의 테크놀로지로 봤을 때 어느 하나 현실적으로 가능할 것 같지 않은 지극히 어려운 임무들이기 때문이었다. 그래도 '한번 해보자!'는 도전의식을 불러일으키는 데에는 성공적이었다. 원래 진짜 엔지니어들은 남들이 안 된다고 해야 의욕이 솟는 법이다.

2차 예선 때의 트랙 A 6개 팀은 하나같이 쟁쟁한 팀들이었다. 특히 카네기멜론 대학의 타탄 레스큐, 제트 프로펄션 랩의 로보시미안, 그리고 나사의 존슨 우주센터의 발키리가 미국을 대표한다면, 샤프트라는 회사의 에스원은 일본을 대표했다. 결과적으로 2차 예선의 1위는 27점을 얻은 일본의 샤프트였다. 2위는 트랙 B의 플로리다 대학팀으로 20점을 얻었다. 3위는 18점의 카네기멜론 대학, 4위는 16점을 얻은 트랙 B의 MIT, 5위는 14점의 제트 프로펄션 랩이었다. 단 1점도 기록하지 못해 망신을 당한 존슨 우주센터를 제외하면, 강자로 예상됐던 팀들이 상위권을 기록한 결과였다.

무엇보다도 일본의 실력이 역시나 명불허전이라는 게 만천하에 드러났다. 보스턴 다이나믹스와 직접 대결한 건 아니지만 그래도 아틀라스의 하드웨어를 이용한 미국 대학팀들과 점수차가 한참 나는 1위였기 때문이다. 그리고 샤프트는 도쿄 대학 사람들이 창업한 일종의 벤처회사로 아시모나 HRP 급은 아니었음을 감안해야 한다. 놀라운 점은 구글 X가 2차 예선 직전에 샤프트를 전격 인수해버렸다는 점이다. 보스턴 다이나믹스를 인수한 시점과 거의 같다. 샤프트 팀은 구글의 결정에 의해 최종 결선은 아예 참가하지 않았다. 더 이상 대외적으로 이들을 노출시키고 싶지 않았기 때문일 것이다. 나는 솔직히 구글이 무섭다.

총 25개 팀이 참가한 2015년 6월의 최종 결선 결과는 특히 우리나라에 놀라웠다. 2차 예선 때 11위를 기록했던 한국과학기술원 기계공학과의 오준호 교수팀이 예상 외의 1등을 차지했기 때문이다. 최종 결선은 8개 임무를 한 번씩만 수행하되 점수가 같을 경우 빨리 끝낸 쪽이 앞서는 규칙을 갖고 있었다. 오준호 교수팀, 플로리다 대학, 카네기멜론 대학의 3개 팀이 만점을 기록했는데, 시간에서 오준호 교수팀이 제일 빨랐던 것이다. 당시 예상 외의 우승 소식이 뉴스를 탔지만 생각보다 크게 다뤄지지는 않았다. 이게 얼마나 대단한 성과인지 모르는 모양이다. 나는 이것도 놀랍다.

최종 결선에 총 5개 팀이 참가한 일본은 2차 예선 때보다 체면을 구겼다. 특히 산업기술총합연구소가 HRP를 들고 참가했는데, 일본 팀들 중에선 제일 나았지만 10위에 그쳤다. 서울대도 팀을 보냈는데 12위에 만족해야 했다. 한편 다르파로부터 초청을 받았지만 대회 참가를 거절한 혼다도 무섭다. 아시모의 노하우를 노출시킬 상황이 아니라고 봤을 것이다. 혼다는 자신들의 테크놀로지가 군사 목적으로 사용되는 것에 굉장히 강한 거부감을 갖고 있다고 알려져 있다.

테크놀로지로 인한 모든 문제가
엔지니어의 책임일 수는 없다

보스턴 다이나믹스와 같이 군사적으로 활용될 수 있는 테크놀로지를 개발하는 회사들은 늘 이율배반적 상황에 놓여 있다. 회사가 원하는 것은 보다 앞선 테크놀로지 개발을 통한 상업적 성공이다. 이 자체를 비난하기는 어렵다. 다른 모든 회사들도 이와 똑같은 동기에 의해 운영되기 때문이다. 그렇지만 무기를 개발해 돈을 버는 것은 비윤리적이라는 비판도 종종 받는다. '죽음의 상인'이라는 영예롭지 못한 호칭이 따라오는 것이다.

레이버트도 이러한 비판을 피해가지 못했다. 인터뷰에서 한 질문자가 대놓고 물어봤다.

"로봇이 사용되는 방식의 윤리적 측면에 대해 우려를 갖고 있나요?"

레이버트는 이마를 찡그리면서 답했다.

"나는 로봇을 만드는 엔지니어예요. 윤리적 질문에 대한 내 견해에 왜 사람들이 관심을 갖는지 나는 이해가 잘 안 돼요."

그의 부연 설명이 이어졌다.

"내가 만드는 시스템은 일종의 탈것이에요. 사람들은 거기에 쌀가마니를 올려놓을 수도 있고, 탄약을 실을 수도 있죠. 이 탈것들은 현재의 자동차가 갈 수 없는 지형에서 쓰기 위해 만든 거예요. 그리고 다른 용도로 사용될 수도 있겠죠. 나는 이 문제에 대해 계속 생각해왔지만 아직 답을 찾은 것 같지는 않아요."

레이버트는 자신이 만든 로봇이 군대 외에 민간 영역에서도 잘 활용되기를 희망하고 있고, 로봇에 무기를 장착하는 것에 분명히 반대한다.

하지만 현재 시점에서 보행로봇에 조금이라도 관심을 보이는 민간 분야는 엔터테인먼트 분야가 유일하고, 그런 용도로 쓰이는 것에는 흥미가 없다. 그러니 의도치는 않았으나 피치 못하게 군사 목적에만 종사하고 있는 꼴이 되어버린 것이다. 이러한 딜레마에 대해 카네기멜론 대학의 한 대학원생은 다음과 같은 식으로 처리했다.

"1년 중 364일은 착한 로봇을 만듭니다. 1년에 딱 하루만 다르파를 위해서 군복을 입히는 것이죠."

다르파나 미 해군연구부와 같은 곳으로부터 돈을 받으면 사실 행동의 제약이 생기기 마련이다. 한번 코가 꿰이면 이래저래 간섭이 뒤따른다. 처음 생각했던 것과 다른 쪽으로 테크놀로지가 사용된다고 해서 중도에 멈추기도 쉽지 않다. 회사라면 재무적 파급효과를 무시할 수 없을 것이고 학교라면 고용된 대학원생들의 뒷바라지를 신경 쓰지 않을 수 없다. 여기도 목구멍이 포도청인 것이다.

보스턴 다이나믹스와 샤프트를 인수한 구글은 앞으로는 미군과의 계약에서 빠지겠다고 밝히는 등 군수 분야에 미온적인 태도를 보여왔다. 기껏 힘들게 테크놀로지를 개발해놓고도 자기 맘대로 활용하지 못할 가능성이 싫었을 것이다. 그리고 구글 규모의 기업이라면 다르파의 돈에 목을 맬 이유가 없기도 하다. 보스턴 다이나믹스가 다르파와 기존에 맺었던 프로젝트는 승계했지만 추가 계약을 맺을 것 같지는 않다. 승계는 어쩔 수가 없었던 바, 승계 못하겠다고 했으면 아마 인수가 불가능했을 것이다. 한 로봇 전문가는 2015년 12월 말에 미 해병대가 알파독과 스팟의 실전 배지를 보류한다고 발표한 것도 구글이 계약 연장을 공식적으로 거절하기 전에 자신들이 거부했다는 모양새를 만들기 위해서라고 분석했다. 결국 2016년 5월 구글은 보스턴 다이나믹스를 일본의 자동차회사 도요타에 팔아버렸다.

한편 테크놀로지의 군사적 활용에 대한 윤리적 견해와 무관한 이유로, 테크놀로지와 엔지니어들에게 불편한 감정을 표출하는 사람들도 있다. 역사적으로 가장 유명한 사례는 19세기 초반 영국의 러다이트 운동이다. 러다이트는 산업혁명으로 인해 직장을 잃을 위기에 처하자 직조공장의 기계를 조직적으로 파괴하려 했던 노동자들을 일컫는 말로서, 1779년에 2대의 양말 짜는 기계를 부순 네드 러드로부터 이름이 유래됐다. 최근에는 IT 테크놀로지에 대해 반감을 폭력적으로 드러내는 이른바 '네오 러다이트'들과 그 정도까지는 아니더라도 컴퓨터 등을 겁내고 싫어하는 테크노포브(technophobe), 즉 테크놀로지 혐오주의자들도 등장하고 있다.

테크놀로지가 정말로 위험한 걸까? 다음의 사례를 보자. 2007년 10월 남아프리카공화국의 제10방공연대는 연례적인 훈련에 돌입했다. 그런데 스위스 무기회사 오리콘의 Mk5 대공포가 갑자기 사격을 개시했다. 이 대공포는 사람이 조작하는 일반적인 대공포가 아니라 컴퓨터에 의해 구동되는 일종의 로봇 포였다. 이 로봇 포의 35밀리 기관포 2문은 1분당 550발의 발사 속도로 전방위적으로 불을 뿜었다. 담당 장교가 로봇을 멈추려 했지만 소용없었고 오히려 포탄에 쓰러지고 말았다.

장전돼 있던 500발의 탄약을 모두 쏴버리고 나서야 드디어 로봇 포가 멈췄다. 9명이 사망하고 15명이 부상당한 이 사고의 원인에 대해, 사고 직후의 공식 보고서는 "컴퓨터가 신들려 있어서 발사를 멈출 수가 없었다."라고 기술했다. 한참 후에 밝혀진 진짜 원인은 제어 프로그램상의 오류, 즉 소프트웨어 버그였다.

로봇이 미쳐버리는 오류를 버그라고 부르는 데에는 이유가 있다. 초창기의 컴퓨터 마크2는 알 수 없는 이유로 고장이 잦았다. 아무리 프로그램을 검증하고 또 검증해봐도 그 원인이 오리무중이었다. 별의별 짓을 다한 끝에 찾은 원인이 꽤나 인상적이었다. 컴퓨터 내부에 두 대의 중계기가 있었는데 그 사이에 나방이 한 마리 갇혀 있었다. 즉 글자 그대로 버그, 즉 벌레가 문제였던 것이다.

소프트웨어의 문제로 인한 불의의 피해를 완벽하게 해결할 방법은 없는 것 같다. 특히 하드웨어에 제어 소프트웨어가 결합되어 있는 로봇은 더욱 그렇다. 여기서 하드웨어가 있다는 게 결정적인 위험 요소다. 사실 소프트웨어 자체는 늘 문제투성이였다. 하지만 하드웨어가 결합되기 전에는 그냥 참아줄 만했다. 갑자기 인터넷이 먹통이 돼 동영상을 못 본다거나 인터넷뱅킹이 안 되는 정도였으니까. 불편하긴 했지만 생명의 위협을 느낄 일은 없었다. 그러나 거기에 기계적 하드웨어를 붙이면, 위의 미친 대공포 로봇처럼 얘기가 달라진다. 테크놀로지가 절대적으로 안전하다고 볼 수는 없다는 얘기다.

위와 같은 일을 겪고 나면 러다이트들의 심정도 이해가 안 가는 것은 아니다. 하지만 그렇다고 테크놀로지를 부인하는 것이 해결책이 될 수는 없다. 그들이 미화하기를 즐기는 과거 시대는 결코 그렇게 아름다운 것만은 아니었다. 사실 과거는 꽤 잔혹했다. 자동차를 버리고 말을 탄다든가, 석유 보일러를 버리고 모닥불로 겨울을 난다거나, 혹은 세탁기를 버리고 냇가에서 손빨래하기를 원하는 사람이 과연 몇이나 될까? 나는 그러고 싶지는 않다.

군사 목적의 테크놀로지라는 이유만으로 무조건 비난을 받는 것도 지나친 면이 있다. 인류의 역사는 테크놀로지 발전의 역사기도 했다. 군사적으로 오용될 가능성이 있다는 이유로 내가 개발하지 않는다고 해서 상대방 국가도 개발하지 않는다는 보장은 없다.

또 다른 측면으로 군사 목적으로 개발된 테크놀로지가 시간이 지나고 보면 결과적으로 민간 영역의 삶의 질을 높인 경우가 허다하다. 이른바 군사적 테크놀로지의 파급효과 혹은 낙수효과다. 두 가지 사례만 들지. 최초의 컴퓨터가 개발된 이유는 미사일의 탄도를 계산하기 위해서였다. 그리고 군대와 전혀 무관할 것 같은 인터넷조차도 사실은 소련의 핵 공격에도 견딜 수 있는 군대의 통신수단 확보 차원에서 개발됐다.

일부 사람들은 악의 기원으로서의 테크놀로지 그 자체와 이를 개발하고 활용하는 엔지니어를 분리해서 생각해야 한다고도 얘기하는 모양이다. 죄는 미워하되 사람은 미워하지 말라는 말처럼 말이다.

하지만 사람을 미워할 필요는 없지만, 잘못을 저지른 죄에 대한 책임은 누군가 져야 한다. 추상적 객체와 주체적 인간이 분리되면 윤리의 모든 문제에 눈을 감아버리는 꼴이 된다. 윤리는 사람에게 부과되는 의무다. 테크놀로지는 천재지변과 같이 인간이 제어할 수 없는 영역의 일이 아니다. 테크놀로지 자체가 책임이라고 얘기하는 건 그래서 무의미하다. 책임은 언제나 사람에게 있다.

그러나 다른 한편 테크놀로지로 인한 사회의 모든 문제를 무조건 테크놀로지의 창조자인 엔지니어에게 돌리는 것도 곤란한 일이다. 자동차 음주 사고를 예로 들어보자. 물론 자동차를 만들어낸 건 엔지니어다. 하지만 음주 사고를 낸 주체는 엔지니어가 아니라 운전자다. 테크놀로지를 사용하여 비윤리적 행위를 한 사람에게 책임을 물어야지, 자동차 엔지니어가 책임질 일이 아니라는 거다. 테크놀로지는 약으로 쓸 수도 있고 또 독으로 쓸 수도 있다. 결국 독으로 쓴 사람이 문제라는 얘기다.

마지막으로 한마디만 덧붙이자면, 엔지니어들도 자신들이 개발한 테크놀로지의 활용에 대해 목소리를 낼 필요가 있다. 만드는 것만이 엔지니어의 영역일 뿐 그다음은 내가 알 바 아니라고 하면 안 된다. 물론 어떤 사람이 테크놀로지를 악용한 게 엔지니어의 잘못은 아니다. 그러나 자신의 테크놀로지를 옳지 않은 방식으로 사용하는 세력이 있다면, 이는 옳지 않다고 그들에게 떳떳하게 얘기해야 한다는 얘기다. 왜냐하면 테크놀로지의 궁극의 주인은 엔지니어기 때문이다. 엔지니어들이 만들어주기를 거부하면 그들도 어쩔 재간이 없다.

2

공대를 나오지 않아도 괜찮아,
너에게 뜻이 있다면

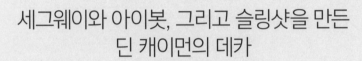

5

세그웨이와 아이봇, 그리고 슬링샷을 만든
딘 캐이먼의 데카

DEKA

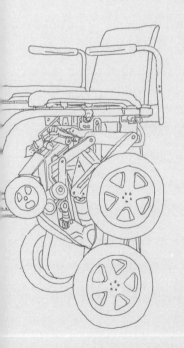

샤오미 나인봇 미니의 원조는
계단을 올라갈 수 있는 휠체어

2015년 10월 19일, 중국의 기업 샤오미가 베이징에서 신제품 발표회를 열었다. 2010년에 설립된 샤오미는 '짝퉁 애플', 혹은 '대륙의 실수'라는 과히 영광스럽지 않은 별명을 갖고 있는 회사다. 나쁘지 않은 성능의 제품을 말도 안 되는 싼 가격에 내놓기 때문에 그런 별명이 생겼다. 가령 이 회사의 홍미노트3이라는 스마트폰은 단돈 6만 9,000원에 살 수 있다.

하지만 이날 소개된 제품은 스마트폰이 아니었다. 바퀴가 두 개 달린, 사람이 직접 올라 탈 수 있는 나인봇 미니라는 제품이었다. 좀 더 정확하게는, 나인봇은 샤오미가 2014년에 투자한 회사로 미니가 제품명이다. 미니는 일종의 전동 스쿠터 성격의 제품이지만 바퀴가 스쿠터처럼 앞뒤로 배치되어 있지는 않다. 사람이 딛고 올라설 수 있는 발판의 좌우 양끝에 바퀴가 달려 있는 구조로, 발판의 가운데에는 양 무릎 사이에 끼우는 지지대가 있다.

충격적인 것은 미니의 가격이었다. 너무나 샤오미스럽게도 36만 원밖에 되지 않았다. 이런 유의 서서 타는 1인승 전동 스쿠터의 가격은 보통 수백만 원대였다. 샤오미의 기존 제품만 해도 268만 원에 팔던 물건들이었다. 전 세계에서 찬사가 쏟아졌다. 국내에서도 언론과 소비자들로부터 뜨거운 관심을 받았다.

두 바퀴가 달린, 사람이 직접 올라 탈 수 있는 샤오미의 나인봇 미니

원래 이러한 전동 스쿠터는 세그웨이라는 회사의 고유한 제품이었다. 그런데 나인봇이 2년 전부터 비슷한 제품을 내놓자, 2014년 9월 세그웨이는 자사의 특허를 나인봇이 침해했다고 문제를 제기했다. 세그웨이의 원천특허를 침해하지 않고서 이런 유의 제품을 만들 방법은 사실 없었다. 그러자 샤오미가 나섰다. 2015년 4월 미국의 유명 벤처캐피털인 세쿼이아 캐피털과 함께 800억 원을 나인봇에 투자했다. 그 돈으로 세그웨이를 아예 인수하기로 결정했던 것이다. 그로부터 6개월 후 36만 원이라는 믿을 수 없는 가격에 미니가 출시됐다.

낮은 가격으로 물건을 내놓을 수 있는 샤오미의 능력은 사실 놀랍다. 하지만 그게 이 장의 주제는 아니다. 십여 년이 지났지만 세그웨이의 원천특허가 얼마나 획기적이고 강력한 것이었는지가 관심의 대상이다. 지금의 기준으로 봐도 세그웨이의 테크놀로지는 여전히 경탄스럽다.

사실 세그웨이는 단 하나의 제품만을 내놓았다. 그 제품의 공식 명칭은 세그웨이 피티(PT)였다. 피티는 개인용 이동기기라는 영어 단어(personal transporter)의 머리글자다. 하지만 거의 모든 사람들은 그냥 세그웨이라고만 불렀다. 길거리에서 세그웨이를 보기는 어렵지만 영화에는 자주 등장한 편이었다. 가령 〈아이언맨〉에는 악당 오베디아 스탠이 스타크

인더스트리의 공장을 세그웨이를 타고 돌아다니는 장면이 나온다. 또 쇼핑몰 경비원이 주인공으로 나오는 영화 〈몰 캅〉에서 주인공과 세그웨이는 떼려야 뗄 수 없는 관계다. 실제로 경찰이나 경비원들은 세그웨이를 애용했다.

세그웨이의 등장은 나인봇 미니의 등장보다 훨씬 드라마틱했다. 세그웨이가 대중에게 공개되기 직전 캐이먼이 '세상을 바꿀' 물건을 만들고 있다는 소문이 돌았다. 그 물건을 미리 타보고 반해 세그웨이에 투자하겠다는 사람이 한둘이 아니었다. 때는 2000년을 전후한 시기로 인터넷 버블이 막 터지려던 시점이었다. 세계에서 가장 유명한 벤처캐피털이자 세그웨이의 주주였던 클라이너 퍼킨스 코필드 앤 바이어스의 파트너 존 도어는 세그웨이의 등장을 전후해서 신경제의 종말과 구경제의 귀환이 이루어질 것이라고 선언했다.

사람들은 그 신비스러운 물건을 그것, 즉 'IT'(잇)이라고도 불렀다. 맨 앞 알파벳만 대문자로 쓰는 것만으로는 이 물건의 대단함을 나타낼 수 없다고 생각해서였다. 당시 세그웨이의 인터넷 검색 수는 영국의 팝 가수 브리트니 스피어스와 어깨를 나란히 할 정도였다. 사람들은 세그웨이가 타임머신이나 영화 〈스타워즈〉에 나오는 순간이동장치, 혹은 중력을 이겨낼 수 있는 관성추진장치 같은 것일 거라고 상상했다. 9·11 사건이 벌어진 지 채 몇 달 지나지 않은 때여서인지 세그웨이가 극비 무기라고 짐작하는 미국인도 있었다. 이미 아프가니스탄에 투입되어 오사마 빈 라덴을 물리치는 데 쓰이고 있다고 말이다.

공식적인 등장은 2001년 12월 3일이었다. 미국의 아침 TV 최고 인기 쇼인 '굿모닝 아메리카'가 그것의 공개를 독점했다. 그러나 기대가 너무 컸던 탓인지 사람들의 반응은 실망으로 가득찼다. 쇼 진행자인 다이앤 소여는 하얀 천으로 덮여 있던 세그웨이의 윤곽이 "거대한 아스파라거스나 진공청소기"를 연상시킨다고 냉소적으로 언급했다. 천을 들어올리자 "고작 전동 스쿠터냐?"는 노골적인 말이 관객석에서 튀어나왔다. 세그웨이에 제아무리 놀라운 테크놀로지가 녹아들어 있다 하더라도 타임머신을 기대하던 사람을 만족시킬 방법은 없었다. 그리고 직접 타보기 전에 세그웨이의 진정으로 놀라운 점을 느끼지 못하는 건 어쩌면 당연했다.

사람들의 실망스러운 반응에는 쇼에 등장한 캐이먼의 외모도 한몫했다. 일반적으로 대중들은 대단한 발명가에 대한 전형적인 이미지를 갖고 있다. 아인슈타인처럼 머리가 헝클어져 있다든지 뭔가 평범한 사람 같지 않게 눈빛이 풀려 있다든지, 그도 아니면 논문 조작으로 악명을 떨친 사람처럼 멀끔해 보여야 한다. 캐이먼은 그 어느 쪽도 아니었다. 167cm 정도의 키에 비쩍 마른 데다가 50대의 본래 나이보다 젊어 보이는 캐이먼은 그냥 별 볼 일 없는 동네아저씨처럼 보였다.

게다가 복장은 데님셔츠에 청바지, 그리고 부츠였다. 일반적인 기준으론 아무리 잘 봐줘도 '세상을 바꿀' 물건을 데뷔시키는 행사에 어울릴 만한 복장은 아니었다. 하지만 캐이먼으로선 억울한 일이었다. 청바지에 데님셔츠는 그에게 유니폼과도 같은 옷이기 때문이었다. 데카의 엔지니어들과 같이 일할 때 입는 이 옷을 입은 채로 미국 대통령을 만나러 간 적도 있었으니, 텔레비전 쇼쯤은 아무것도 아니었다. 그리고 사실 곰곰 생각해보면 무슨 옷을 입었다는 게 그렇게 문제가 되는 것인지 하는 생각도 든다. 옷이 테크놀로지를 만들어주는 것도 아닌데 말이다.

세그웨이는 데카가 이전에 개발했던 제품에 채용된 테크놀로지를 다른 방식으로 적용한 결과였다. 1990년부터 캐이먼과 데카의 엔지니어들은 걸을 수 없는 사람들을 위한 새로운 장치를 어떻게 만들 수 있을지를 고민해왔다. 2년여의 고민 끝에 새로운 방식의 휠체어 테크놀로지를 개발하는 데 성공했고, 1994년경에는 시제품을 통한 시연이 가능할 정도로 물이 올랐다. '프레드'라는 코드명으로 불린 이 전동 휠체어는 나중에 '아이봇'이라는 이름으로 상용화가 됐다. 그러니까 나인봇 미니의 진정한 원조는 바로 아이봇인 셈이었다.

겉으로 보면 아이봇은 보통의 휠체어와 별로 다를 바가 없었다. 앞쪽에 작은 1쌍의 바퀴가 있고 뒤쪽에 조금 더 큰 2쌍의 바퀴가 달린 아이봇은 내장된 배터리와 전기모터에 의해 손으로 돌리지 않고도 주행이 가능했다. 하지만 결정적인 요소는 따로 있었다. 바로 10cm 이상 되는 요철도 혼자 힘으로 오를 수 있다는 점이었다. 이 말은 아이봇을 탄 사람이 계단도 오를 수 있다는 얘기였다. 심지어는 뒤쪽의 2쌍의 바퀴들을 수직으로 세워 똑바로 설 수도 있었다. 이렇게 하면 아이봇에 탄 사람의 눈높이가 서 있는 사람의 눈높이에 이를 정도로 높아진다. 혼자 걸을 수 없어 휠체어를 이용해야 하는 사람 입장에서 계단을 혼자 힘으로 다닐 수 있고, 서 있는 사람과 비슷한 높이에 이를 수 있다는 것은 일종의 기적과도 같은 일이었다.

아이봇과 이에 적용된 테크놀로지는 유명하다는 상이란 상은 모조리 휩쓸 정도로 혁신적이었다. 1994년 데카는 제약 및 소비재 분야의 거인 기업 존슨앤존슨과 계약을 맺었다. 의료 목적으로 아이봇을 활용하는 독점적 권리를 존슨앤존슨이 가지는 내용이었다. 이 말은 의료 목적이 아니라면 데카가 관련 테크놀로지를 마음대로 쓸 수 있다는 의미였다.

그러나 놀라운 혁신성에도 불구하고 아이봇은 상업적으로는 참담한 실패를 맛봐야 했다. 데카의 테크놀로지에 문제가 있는 것도 아니었고, 존슨앤존슨의 무능력과 욕심 때문도 아니었다. 미국의 의료보험제도인 메디케어는 의료용품을 클래스로 분류하는데, 지난 10여 년 동안 아이봇은 클래스3으로 분류됐던 탓이었다. 이 말은 소매가가 2,500만 원 정도 되는 아이봇을 필요로 하는 사람이 받을 수 있는 의료보험금이 500만 원밖에 되지 않는다는 걸 의미했다. 즉 자기 돈 2,000만 원을 들여야만 아이봇을 장만할 수 있었다. 10여 년 넘게 개발과 양산을 지원해왔던 존슨앤존슨은 결국 2009년 손을 들고 말았다.

그러나 아이봇에 대한 얘기는 아직도 현재 진행형이다. 미국 식품의약청은 2014년 말 오랫동안 거부해왔던 아이봇의 클래스2로의 재분류를 승인했다. 기다렸다는 듯 캐이먼은 아이봇의 새로운 버전을 2년 이내에 내놓겠다고 발표했다.

헤어드라이어 전력으로 지구의
물 문제 해결을 제안한 데카

1982년에 설립된 데카는 딘 캐이먼의 개인 회사다. 데카라는 회사 이름 자체가 딘 캐이먼의 이름에서 나왔다. 개인 회사인 만큼 기업 공개상장은 되어 있지 않다. 모든 주식은 캐이먼의 소유다. 설혹 데카의 엔지니어들이 데카의 주식을 갖고 있다손 치더라도 큰 의미는 없었을 것이다. 왜냐하면 캐이먼은 데카를 상장할 생각이 추호도 없기에 그 주식을 달리 처분할 방법도 없기 때문이다.

데카의 주 수입원은 자신들이 개발한 테크놀로지에 대한 권리를 다른 회사에 부여하고 받는 특허사용료다. 혁신적인 제품을 개발하여 특허를 확보하고 이를 통해 수입을 얻는 비즈니스 모델을 갖고 있는 것이다. 그러나 대규모의 자본을 필요로 하는 양산은 하지 않는다. 제품의 대량

생산도 엔지니어링 영역에 속하긴 하지만, 데카는 자신들이 잘할 수 있고 좋아하는 일인 혁신적 테크놀로지 개발에만 집중하고 싶어 한다.

그렇다고 데카를 피상적인 연구만 수행하는 연구소로 착각해서는 곤란하다. 데카에서 논문은 아무런 의미가 없다. 설혹 그 논문이 이른바 SCI 학회지에 실렸다고 할지라도 말이다. 데카가 관심을 갖는 유일한 일은 테크놀로지가 구현된 구체적인 물건을 만드는 일이다. 실체가 있어 손으로 만질 수 있고 또 뭔가 직접적으로 유용한 일을 할 수 있는 물건들 말이다. 데카의 400명 엔지니어 중 적지 않은 사람들이 박사학위를 가졌지만, 이들의 궁극적인 목표는 세상에 도움이 되고 세상을 바꿀 만한 물건을 만드는 일이다. 이들에게 테크놀로지는 그러한 목표를 가능하게 하는 수단이다.

데카에 있어 세상에 도움이 되는 물건이란 말은 공염불로 하는 말이 아니다. 글자 그대로의 의미가 있다. 아이봇이 그 한 예다. 휠체어를 타야하는 사람들이 계단이나 보도블럭의 턱을 만나면 좌절하는 것을 모르는 사람은 없다. 하지만 정부가 경사로를 만들어야 한다거나 엘리베이터를 더 많이 설치하면 된다는 선에서 멈출 뿐, 이걸 진정으로 해결해야겠다고 생각하는 사람은 극히 드물다.

캐이먼은 달랐다. 인류의 테크놀로지는 사람을 달에 보낸 지 오래고 바닷속 깊은 곳도 문제없이 갈 수 있을 정도다. '그런데 휠체어 탄 사람들이 도로 경계석을 못 올라가는, 그 간단한 문제 하나도 해결 못한다고?' 이러한 사실은 엔지니어인 캐이먼에겐 일종의 모욕과도 같았다. '내가 이걸 고쳐놓고야 말겠어.' 하고 캐이먼은 스스로에게 다짐했다. 그러곤 수년 만에 이 문제를 해결할 수 있는 물건을 세상에 내놓았다.

캐이먼과 데카의 가치관을 잘 엿볼 수 있는 또 다른 제품은 슬링샷이다. 새총이라는 뜻의 슬링샷은 단어만 보면 무슨 물건인지 잘 짐작이 가지 않는다. 이 물건은 기본적으로 정수기다. '정수기라, 그런 건 대단한 테크놀로지가 아니지 않은가?'라고 생각할지도 모른다. 혹시라도 그런 생각을 했다면 테크놀로지의 본질에 대해 다시 생각해보는 게 좋겠다. 테크놀로지는 실용적이며 유용하고 나아가 상업적으로 가치 있는 경험과 노하우다. 대상이 무엇이냐에 따라 테크놀로지 여부가 정해지는 게 아니다.

물론 세상에는 정수기가 많이 있다. 하지만 그렇다고 해서 세상의 물 문제가 해결되어 있지는 않다. 세계보건기구에 의하면 9억 명의 사람들이 아직도 물 공급 부족으로 어려움을 겪고 있고, 매년 350만 명의 사람들이 비위생적인 물을 마신 끝에 사망하고 있다. 저개발국가에서 믿을 만한 상수도 시스템의 구축은 아직도 요원한 프로젝트다. 필터 방식의 정수기는 유지 보수가 골칫거리고 비용도 만만치 않다. 가장 확실한 방법은 끓여 먹는 것이다. 하지만 이 또한 시스템적으로 수행하려면 적지 않은 에너지가 필요하다. 결국 마지막에는 돈 문제로 귀결되고 마는 것이다.

슬링샷은 기본적으로 증류를 통해 물을 정수한다. 이게 바로 지구가 물을 깨끗하게 만드는 방식이다. 우리가 버리는 하수에는 온갖 오물과 유해물질들이 넘쳐난다. 하지만 그러한 물도 태양열에 의해 증발됐다가 다시 액체 상태로 돌아오면 더할 나위 없이 깨끗한 물로 바뀐다. 마음 놓고 마실 수 있는 깨끗한 물을 만드는 데 있어 증류의 장점은 확고부동하다. 데카는 증류 방식의 정수기를 만들어야 한다고 생각했다.

문제는 물을 끓이는 데 필요한 에너지였다. 통상적인 화석연료를 태우거나 혹은 전기로 가열하는 방식은 물론 가능하지만, 이렇게 되면 물이 필요한 저개발국가 사람들 입장에서는 그림의 떡이나 다름없었다. 유지비용이 너무나 비싸지기 때문이다. 대개 이 단계에서 주저앉고 마는 게 일반적이었다. 하지만 데카의 엔지니어들은 포기하지 않았다. 무언가 방법이 있을 거라고 생각하고 끊임없이 도전했다.

데카가 찾은 방식은 이렇다. 일단 외부의 전기에너지를 이용해 더러운 물을 끓인다. 끓어 오른 깨끗한 수증기는 압축기로 모인다. 대부분의 기체가 그러하듯 수증기도 압축이 되면 온도가 올라가는 동시에 액체 상태의 물로 변한다. 슬링샷에서는 이 뜨거운 물이 원래의 더러운 물 주위를 지나도록 디자인되어 있다. 물론 섞이지 않은 채로 말이다. 이렇게 되면 깨끗한 뜨거운 물은 상대적으로 차가운 더러운 물에 열을 주면서 자신은 식는다. 반대로 더러운 물은 사이클을 돌아 나온 뜨거운 물에 의해 가열되어 저절로 기화된다.

위에서 설명한 과정은 거의 자기충족적이어서 한 번 끓이고 나면 그 다음에 추가적으로 필요한 전기에너지는 매우 작다는 게 슬링샷의 남다른 점이다. 생활하수나 오염된 물은 당연하고 바닷물도 문제없이 처리할 수 있다. 물론 슬링샷을 거쳐 나온 미지근한 물은 마셔도 전혀 지장이 없는 깨끗한 물이다. 2004년 캐이먼은 한 컨퍼런스에서 자신의 오줌을 슬링샷에 붓고 거기서 나온 물을 벌컥대며 마시는 시범을 보이기도 했다.

아무리 기존 방식보다 전기에너지가 적게 든다고 하더라도 전기가 필요하다는 건 그 자체로 제약조건이다. 왜냐하면 슬링샷이 필요한 지역일수록 그런 인프라가 갖춰져 있지 않을 가능성이 농후하기 때문이다. 데카는 이 문제도 그냥 내버려두지 않았다. 이를 위해 전기에너지를 생산해낼 수 있는 이른바 스털링 엔진도 개발해놓았다. 스코틀랜드의 성직자였던 로버트 스털링이 19세기 초에 개발한 스털링 엔진은 높은 열효율성으로 인해 열역학을 공부한 기계 엔지니어들에게는 꿈의 엔진과도 같은 것이다. 연소가 가능한 모든 물질이 연료가 될 수 있는 데카의 스털링 엔진은 정수장치를 돌리는 데 충분한 전기에너지를 자체적으로 생산할 수 있다.

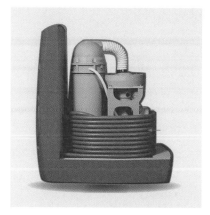
저개발국가에 깨끗한 물을 공급하기 위해 개발된 슬링샷

천신만고 끝에 테크놀로지를 개발했지만 마지막으로 남은 문제가 하나 있었다. 1억 원에 달하는 슬링샷의 제작비용이었다. 슬링샷은 상수도 인프라가 미미한 가난한 나라 사람들을 위한 물건이었다. 하지만 그런 나라에서는 1억 원을 들여 마을마다 한 대씩 놓는 것도 부담스러웠다. 데카가 생각하기에 대량생산만 이뤄진다면 가격이 200만 원까지 떨어질 여지도 충분히 있었다. 하지만 누군가 그 비용을 대겠다고 하기 전까지 이는 그림의 떡에 불과했다.

데카는 처음에 비영리구호기관에 슬링샷을 보여주었다. 하지만 이걸 감당할 자신이 없는 듯했다. 다음엔 글로벌 제약회사들에 보여주었다. 그러나 난색을 표하기는 마찬가지였다. 원래 글로벌 제약회사들은 돈이 되지 않는 일에는 별로 관심을 보이지 않는다. 좀 더 심하게 얘기하자면 제약회사들은 사람들이 아파야 돈을 버는 비즈니스 모델을 갖고 있다. 그런 그들에게 거의 무상으로 정수기를 나눠주자는 제안을 했으니 좋은 반응이 나올 리 없었다.

그럼에도 불구하고 캐이먼과 데카는 포기하지 않았다. 슬링샷 보급에 도움을 줄 파트너를 찾던 중 코카콜라를 떠올렸다. 코카콜라는 원액을 미국에서 만들어 세계 각국으로 보낸다. 그러면 각 나라의 보틀링 회사들이 이를 물에 희석시켜 판매한다. 깨끗한 물의 필요성을 누구보다 잘 아는 회사란 뜻이다.

2005년 데카의 제안을 받은 코카콜라는 우선 자사의 자판기 '프리스타일'에 사용될 수 있는 마이크로 디스펜싱 테크놀로지 개발에 협조해달라고 제안했다. 마이크로 디스펜싱이란 소량의 약제를 물에 희석시키는 행위로, 데카는 이에 대한 원천 테크놀로지도 갖고 있었다. 그래서 데카는 코카콜라를 위해 프리스타일 개발에 협조했다.

2011년 가나의 시골학교 5곳에 슬링샷이 설치된 코카콜라의 '에코센터'가 시범 설치됐다. 에코센터는 코카콜라의 제품과 그 밖의 잡화를 판매하는 작은 컨테이너형 판매점으로, 내부에 설치되어 있는 슬링샷에 연결된 2개의 수도꼭지로부터 깨끗한 물을 마음껏 이용할 수 있다. 코카콜라는 이를 통한 직접적인 수익보다는 이미지 제고에 더 큰 관심이 있다. 데카와 코카콜라의 에코센터 설치는 현재 진행 중이다.

안달 난 스티브 잡스와 제프 베조스의
투자를 거절한 대학 중퇴자

데카의 창업주 엔지니어 딘 캐이먼은 1951년 뉴욕 맨해튼 건너편의 롱아일랜드에서 태어났다. 적지 않은 수의 빼어난 엔지니어들이 그랬듯이 캐이먼도 유년기에 그렇게 두드러지지는 않았다. 좀 더 적나라하게 얘기하자면 에너지 넘치고 가만히 있지 못하는 말썽꾸러기였다. 캐이먼은 억압적인 분위기의 학교가 지루했다. 당연히 학교 성적은 그저 그랬다. 쉽게 말해 하위권이었다.

초등학생 때의 캐이먼에 대한 다음 일화를 보면 그의 성격을 짐작해볼 수 있다. 수업시간에 담당교사가 모든 숫자를 자기 자신으로 나누면 1이 된다고 설명했다. 7 나누기 7은 1이고 9 나누기 9도 1이라는 예도 제시했다. 캐이먼은 이러한 수학에서의 엄밀성을 좋아했다. 하지만 곧 의문이 생겼다. 0을 0으로 나누어도 1이 되느냐는 것이었다. 그래서 손을 들고는 질문했다. 교사는 짜증을 냈다. 캐이먼이 수업에 집중하지 않는다며 혼을 낸 것이다.

캐이먼이 평소 수업에 집중하지 않는 것은 사실이었다. 하지만 이번 만큼은 아니었다. 교사의 설명이 말이 되지 않는다며 쏘아붙였다. 교사는 캐이먼의 엄마에게 전화를 했다. 자기 자신도 교사였던 캐이먼의 엄마는 캐이먼에게 사과하라고 야단쳤다. 그러나 캐이먼은 끝끝내 거부했다. 자기가 잘못한 게 없다는 걸 알았기 때문이었다. 결국 담당교사는 캐이먼으로부터 용서를 구하는 말을 듣지 못했다.

고등학생 때 캐이먼은 트랜지스터와 반도체를 갖고 뭔가 만들기를 즐겼다. 우연한 기회에 뉴욕의 자연사박물관의 조명장치가 오래되고 엉망이라는 걸 알게 됐다. 캐이먼은 박물관장을 찾아가 자신이 이를 업그레이드할 수 있다고 말했다. 삐쩍 마른 데다 자존심만 세 보이는 18세 고등학생의 말을 곧이곧대로 들을 사람은 없었다. 캐이먼은 그 자리에서 쫓겨났다.

이는 캐이먼에게 도발이었다. 그는 몇 주에 걸쳐 자비를 들여 조명장치를 직접 만들어 박물관 것과 바꿔놓았다. 다시 박물관장을 찾아가 자신이 한 일을 말했다. 또다시 쫓겨나기 직전 캐이먼은 자신이 설치한 조명기기를 켜 보였다. 박물관장은 말없이 천천히 둘러봤다. 박물관 천장에서 영롱한 빛이 쏟아져 내리고 있었다. 캐이먼을 자신의 사무실로 데려간 관장은 이렇게 바꾸는 데 얼마가 들었는지를 물었다.

자신의 노동력을 제외한 재료비는 사실 80달러였다. 그해 여름에 아르바이트로 번 돈 전부를 쏟아부은 거였다. 이걸 만들면서 캐이먼은 한 1,000달러 정도의 돈을 벌기를 꿈꿔왔었다. 그래서 침을 꿀꺽 삼키고는 두 배로 불려 2,000달러라고 말해버렸다. 이번 기회가 아니면 이런 기회는 다시 찾아오지 않는다고 생각해서였다. 포커로 치자면 판돈을 두 배로 키운 거였다.

관장은 자신의 책상 주위를 왔다 갔다 하며 생각에 잠겼다. 캐이먼은 초조한 마음으로 이를 바라봤다. 마침내 관장이 입을 열고는 하나의 조건을 내걸었다. 관장이 책임지고 있는 다른 세 곳의 박물관도 똑같이 만들어준다면 조건을 받아들이겠다는 거였다. 캐이먼은 속으로 생각했다. '박물관 네 곳에 2,000달러군. 생각했던 것만큼의 이익은 아니겠지만 이 정도도 나쁘진 않지.' 캐이먼은 관장의 제안을 받아들였다. 나중에 알고 보니 네 곳에 2,000달러가 아니라, 한 곳당 2,000달러, 그래서 네 곳에 8,000달러였다.

캐이먼은 미국에서 로켓의 아버지로 불리는 로버트 고다드가 졸업한 우스터 폴리테크닉 인스티튜트에 입학했다. 미국 대학들에는 공식적인 별명이 하나씩 있는데, 가령 캘리포니아 버클리 대학은 골든 베어, 칼텍은 비버, 예일 대학은 불독과 같은 식이다. 우스터의 별명은 엔지니어로 MIT와 같다. 하지만 캐이먼은 여전히 학점에 신경 쓰지 않았고, 졸업을 하기 위한 커리큘럼을 따라가지도 않았다. 대신 본인에게 흥미로운 과목을 찾아다니면서 교수들과 물리와 엔지니어링에 대해 잡담하길 즐겼다. 결국 5년간 캠퍼스를 쏘다니던 캐이먼은 학사과정을 마치지 않은 채로 1976년에 자퇴했다. 그래서 캐이먼의 공식 학력은 고졸이다.

캐이먼은 대학에 들어가서도 부업으로 전기기기 등을 만들어 파는 일을 계속했다. 1년에 대략 6만 달러의 돈을 벌어들였는데, 당시 기준으로 꽤 큰돈이었다. 1970년대 초반 미국 노동자의 평균 연간임금은 1만 달러를 약간 넘는 정도였고 새 차 가격이 약 4,000달러였으니, 캐이먼이 번 6만 달러가 어느 정도로 큰돈인지 짐작할 수 있다.

그게 전부가 아니었다. 캐이먼의 형은 당시 하버드 의대를 다녔는데 병원의 한 가지 문제를 캐이먼에게 얘기한 적이 있었다. 당시 병원의 간호사들은 환자들의 정맥주사기가 제대로 작동하는지 지켜보느라 다른 일을 제대로 하지 못했다. 캐이먼의 형은 간호사들이 일일이 신경 쓰지 않아도 정확한 양의 주사약을 정해진 시간마다 알아서 주입하는 기계가 있으면 크게 도움이 될 거라고 얘기했다. 또한 그 기계가 작고 가벼워서 휴대가 가능하다면 환자들 입장에서도 반색할 거라고 말했다.

캐이먼은 궁리 끝에 바로 그런 문제를 해결할 수 있는 장치를 혼자 힘으로 만들어냈다. 하버드 의대 사람들에게 몇 가지 개선사항에 대한 피드백을 받은 후 완성시킨 이 장치는 의학 분야에서 가장 유명한 저널인 《뉴 잉글랜드 저널 오브 메디신》에 소개됐고, 그 즉시 전 세계로부터 주문이 쇄도하기 시작했다. 심지어 콧대 높은 미국 국립보건원조차도 개당 2,000달러의 가격에 사갔다. 캐이먼은 이를 위해 오토시린지라는 그의 첫 번째 회사를 세웠다. 그의 나이 21세 때의 일이었다.

그러나 생산에 관련된 일은 캐이먼의 취향과 맞지 않았다. 32세가 된 캐이먼은 1982년 오토시린지를 300억 원에 의료회사 백스터에게 팔아버렸다. 그리고 같은 해에 데카를 설립했다. 이후 지금까지 30년이 넘도록 데카는 캐이먼의 분신과도 같은 역할을 수행했다. 데카와 오토시린지 외에도 캐이먼은 여러 다른 회사를 만들어왔다. 세그웨이가 대표적인 예이고, 또 건물의 온도 조절장치를 만드는 텔리트롤이라는 회사도 있다. 텔리트롤의 공조제어시스템은 시드니의 오페라하우스나 미국 휴스턴에 있는 나사(NASA)의 미션 컨트롤 센터에도 들어가 있다.

개인적으로 캐이먼은 비행기와 헬리콥터 조종을 즐긴다. 특히 자신이 직접 조종하던 엔스트롬 헬리콥터에서 개선할 점을 발견하고는 아예 엔스트롬 회사를 사버렸고, 또 자신의 저택에 헬리콥터 착륙장을 설치하고는 출퇴근 때 헬리콥터를 이용할 정도로 헬리콥터를 좋아했다. 하지만 이웃 주민들이 헬리콥터 소음을 싫어해 소송을 냈다. 캐이먼을 대리한 2곳의 로펌은 적당히 돈을 물어주고 화해할 것을 제안했지만 캐이먼은 이들 로펌을 해고했다. 본인의 잘못이 없는데 타협한다는 건 캐이먼의 옳음에 대한 관념에 부합하지 않기 때문이었다. 변호사 없이 혼자서 변론을 한 그는 결국 소송에서 이겼다.

캐이먼에 대한 세상의 평가를 단적으로 보여주기 위해서는 애플의 스티브 잡스와 아마존의 제프 베조스가 그가 만든 물건에 투자하고 싶어 어쩔 줄 몰라 했다는 얘기를 해야 할 것 같다. 이 두 사람을 끌어들인 건, 앞에서 얘기했던 클라이너 퍼킨스의 존 도어였다. 도어는 비밀준수약정서를 쓰고 세그웨이를 타보고는 거의 쓰러질 지경이 됐다. "딘, 내가 그 어느 누구보다도 많은 닷컴들을 다뤘잖아요. 그런데 내 생애에 인터넷만큼 중요한 걸 또 보리라곤 생각 못했어요. 그런데 바로 그런 걸 본 거예요." 도어는 캐이먼이 헨리 포드와 토머스 에디슨을 합쳐놓은 것과 같다고 치켜세웠다.

도어가 데려온 잡스도 세그웨이와 즉시 사랑에 빠졌다. 그는 도통 세그웨이에서 내려올 줄 몰랐다. 치열한 성격이란 면으로 세상 어느 누구도 당할 자 없었던 잡스는 머릿속에서 세그웨이를 지울 수 없었다. 잡스는 처음엔 250억 원을, 그다음엔 500억 원을, 나중엔 630억 원을 투자하고 싶다고 졸랐다. 대가는 세그웨이 주식의 10%였다. 요구가 받아들여지지 않자 나중에는 6개월간 무료로라도 비공식 자문 역할을 해주고 싶다고 자청했다.

베조스도 비슷했다. 세그웨이를 타보고는 자신도 주주가 되어야 한다고 간청했다. 베조스는 100억 원을 내밀었다. 그러나 결국 캐이먼은 잡스의 돈도 베조스의 돈도 거절했다. 다른 투자자로부터 돈은 이미 충분히 확보돼 있었고, 그들의 지나치게 강한 개성이 세그웨이의 성공에 별로 도움이 되지 않으리라는 판단 때문이었다. 이유가 무엇이었건 간에 잡스와 베조스의 투자하고 싶다는 간청을 뿌리친 사람은 아마 캐이먼이 유일하지 않을까 싶다.

캐이먼에게는 하나의 지론이 있다. 그것은 바로, 엔지니어가 사회적 영웅이 돼야 한다는 것이다. 그는 도대체 왜 청소년들이 운동선수나 배우에게 열광하는지 이해할 수 없었다. 열광한다고 청소년들의 삶이 달라질 리도 없고, 또 사회적으로도 별로 쓸모 있는 일이 아니라는 거였다. 자신의 소신이 실현될 수 있도록 캐이먼은 '퍼스트(FIRST)'라는 비영리기구를 설립했다. 아이들이 테크놀로지를 축제처럼 즐기고 또 스포츠만큼 좋아하도록 만드는 게 퍼스트 설립의 모토다. 캐이먼은 자신의 모든 성취와 업적 중에 퍼스트를 설립한 것을 제일 자랑스럽게 여긴다.

캐이먼의 삶을 가장 잘 요약한 말은 2000년에 당시 미국 대통령 클린턴으로부터 국가 테크놀로지 및 혁신 메달을 받게 됐을 때, 그를 두고 미국 상무장관인 노만 미네타가 한 연설일 것 같다.

"단순히 그를 혁신가라고만 부르는 것은 옳지 않습니다. 왜냐하면 그는 현상유지에 도전장을 내밀었고, 불가능해 보이는 꿈을 언제나 추구했기 때문입니다. 그리고 비범한 비전과 끈기로써 결국 그 꿈을 달

성해왔습니다. 그는 비전, 독창성, 수고, 남들과 다를 수 있는, 그리고 현상을 넘어 생각할 수 있는 용기와 같은 미국의 정신을 대변합니다."

캐이먼의 개인 재산은 5,000억 원 정도로 추정된다.

미시적 불안정성을 통해 달성되는
거시적인 동적 안정성

이제 세그웨이의 테크놀로지에 대해 얘기해보도록 하자. 앞에서도 얘기했지만 세그웨이는 일종의 1인승 전동 스쿠터다. 하지만 그렇게만 얘기해서는 세그웨이가 왜 테크놀로지의 대단한 성과인지 느낌이 오지 않는다. 세그웨이가 처음 공개됐던 쇼에서 캐이먼은 세그웨이를 가리켜 '스스로 균형을 잡을 수 있는 세계 최초의 개인용 운송 수단'이라고 설명했다. 쇼 진행자 소여는 그게 왜 'IT'이 될 수 있는지 전혀 납득이 가지 않았다. 덮어놓았던 하얀 천을 들어 올리자 "저게 다에요?"라고 되물었을 정도였다. 그러고도 모자라서 한마디 더했다. "저걸 리가 없는데요."

그러나 혼란스러운 표정의 쇼 진행자들을 데리고 근처의 브라이언트 공원에 시승을 나가자 분위기가 완전히 달라졌다. 한 남자 진행자는 "이거 끝내주는데요!" 하며 10대 소년처럼 소리를 질렀다. 보통 때 차갑기 그지없는 여신 분위기의 소여는 한술 더 떴다. 손잡이에서 손을 떼고 달리거나 심지어는 한 발로만 타는 장난까지 치면서 낄낄거렸다. 캐이먼으로 하여금 세그웨이를 타고 자신의 발 위를 지나가게도 했다. 혹시 이런 경우 다치지 않을까 시험해보려는 거였다. "아무것도 느낄 수가 없군요." 소여는 한숨을 내쉬며 말했다. "놀랍네요!"

캐이먼이 처음에 일반적인 휠체어의 대안을 찾기 시작했을 때 100년도 넘은 휠체어 관련 특허를 다 뒤져보았다. 놀라울 정도로 특허의 수는 많았다. 그들 대부분은 다리나 팔과 유사한 기구를 이용하여 계단을 오르려는 시도들이었다. 하지만 캐이먼은 이런 방식으로 해결될 일이 아니라는 것을 이내 깨달았다.

휠체어를 타야 하는 사람들이 원하는 건 계단이든 어디든 혼자 힘으로 갈 수 있는 거였다. 그리고 보통 사람들과 눈높이를 맞춰 얘기하고 싶어 했다. 앞의 4장에 나온 빅독처럼 다리가 넷인 휠체어를 만든다면 덜컹거리긴 하겠지만 계단을 오르는 건 가능할지도 몰랐다. 그런데 문제는 그 경우 보통 사람들과 눈높이를 맞추기 위해 일어서기가 너무나 어렵다는 거였다. 앞다리 두 개를 들어올려야 그게 될 텐데 그러면 남은 뒷다리 두 개로 균형을 잡는다는 건 생각하기조차 어려운 일이었다. 이는 곤충들이 여섯 개의 다리를 갖는 이유이기도 했다. 이 경우 앞다리 두 개를 들어도 남은 네 다리로 균형을 잡을 수 있기 때문이다. 하지만 휠체어에 다리를 여섯 개 단다는 건 있을 수 없는 일이었다. 기구학적 관점으로 그건 총체적 악몽이었다.

그렇게 2년을 헤맨 끝에 캐이먼은 포기할 마음을 먹었다. 그러던 어느 날, 목욕을 하고 나오다가 물에 젖은 화장실 바닥에서 미끄러지고 말았다. 넘어지던 와중에 중심을 잡으려고 팔을 휘젓던 캐이먼은 '바로 이거야!' 하는 이른바 유레카 순간을 경험했다. 그건 우스터에서 배웠던 '거꾸로 서 있는 진자'였다.

'거꾸로 서 있는 진자'를 기계공학에서는 다음과 같이 설명한다. 진자는 막대기의 한쪽 끝이 축으로 고정되어 그를 중심으로 왕복 진동운동을 하는 것을 말한다. 추시계에 달려 있는 추가 바로 진자의 한 예다. 그런데 그런 진자의 축에 바퀴를 달아 거꾸로 놓으면 매우 불안정하다. 조금만 옆에서 힘이 가해져도 곧바로 아래로 떨어져버리고 만다. 그때 거꾸로 서 있는 진자가 어떠한 힘을 받으며 그로 인해 어떤 움직임을 보일지를 동역학적으로 풀 수 있다. 이를 풀기 위해선 진자가 돌아가는 각도와 각속도, 그리고 바퀴의 위치와 바퀴의 속도를 구해야 한다. 그리고 이를 바탕으로 어떻게 해야 거꾸로 서 있는 진자가 떨어지지 않을지도 알 수 있다.

거꾸로 서 있는 진자는 실생활에서도 어렵지 않게 만날 수 있다. 가령 어렸을 때 긴 막대기를 손바닥 위에 올려놓고 떨어지지 않도록 했던 경험들이 있을 것이다. 손바닥 위에 올려놓은 긴 막대기는 거꾸로 서 있는 추와 같다. 당연히 내버려두면 저절로 아무 쪽으로나 떨어져버린다. 그런데 우리 인간의 능력은 놀라워서 막대기가 떨어지려는 쪽으로 손을 미세하게 움직일 수 있다. 그러면 막대기가 오히려 균형을 잡고 떨어지지 않는다.

캐이먼은 우리가 본능적으로 수행하는 이 균형잡기를 제어컴퓨터를 통해 할 수 있을 거라고 짐작했다. 물론 개념적으로 그렇다는 얘기고 실제로 이를 구현하는 건 또 다른 문제였다. 이를 위해 데카의 엔지니어들은 무수히 많은 시행착오를 거쳤다. 특히 이들이 만들려는 물건은 걸을 수 없는 사람들이 사용할 물건이었다. 만에 하나라도 오동작이 났다가는 대형 인명 사고로 이어질 수도 있었다. 데카의 엔지니어들은 이를 마스터하는 데 10년의 시간과 1,000억 원 이상의 돈을 썼다.

세그웨이의 작동을 좀 더 구체적으로 살펴보면 이렇다. 전원이 켜진 상태에서 사람이 올라서면 세그웨이에 내장되어 있는 자이로스코프와 가속도센서가 이를 감지하여 어느 범위 내에서는 세그웨이가 움직이지 않도록 균형을 스스로 잡는다. 즉 올라탄 사람이 느끼기에 갑자기 앞이나 뒤로 쭉 미끄러질 일은 없는 것이다. 실제로 올라서 보면 굉장히 안정적이라는 느낌을 받는다.

그다음 사람이 앞으로 가기 위해 몸을 앞쪽으로 기울이면 센서들이 이를 감지하여 바퀴를 앞으로 회전시킨다. 더 많이 기울이면 바퀴 회전 속도를 더 높인다. 하지만 세그웨이가 너무 빨리 진행하면 올라탄 사람이 그 속도를 이기지 못하고 넘어질 수도 있으니 적정 속도를 유지해야 한다. 그러다 멈추기 위해 앞쪽으로 기울였던 몸을 다시 세우면 탑승자의 무게중심 변화를 파악하여 속도를 줄이고 종내는 다시 제자리에서 균형을 잡는 모드로 들어간다. 한편 몸을 살짝 왼쪽으로 틀면서 앞쪽으로 기울이면 오른쪽 바퀴보다 왼쪽 바퀴의 속도를 줄임으로써 세그웨이가 왼쪽으로 회전할 수 있도록 한다. 오른쪽 또한 유사한 방식으로 회전이 이뤄진다.

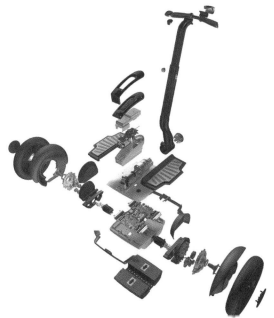

세그웨이는 자이로스코프와 가속도센서, 그리고
제어 컴퓨터로 구성된, 인체를 모방한 로봇이다.

데카가 만든 엄청나게 다양한 종류의 세그웨이

　이러한 미묘한 제어가 이뤄질 수 있도록 세그웨이는 1초에 100번씩 탑승자의 무게중심 이동을 측정한다. 이 정보를 바탕으로 100분의 1초마다 양 바퀴에 가해지는 회전력을 조절하는 것이다. 그 과정은 결코 평탄하지 않다. 세그웨이 제어기는 어떠한 힘을 바퀴에 줘야 할지에 대해 고민하면서 끊임없이 그 값을 조정한다. 그러니까 미시적으로는 매우 불안정한 상태에 있지만 그러한 조정을 통해 거시적인 안정성을 얻는다. 마치 마술과도 같은 일이 벌어지는 것이다.

　방금 전에 세그웨이에 대해 설명한 내용은 사람이 걸을 때 벌어지는 일과 질적으로 똑같다. 사람이 걷거나 계단을 오를 때 동역학적인 관점으로 보면 사람의 몸은 사실 굉장히 불안정하다. 그렇지만 사람은 용케 쓰러지지 않고 걸어가는데, 그 이유는 눈과 전정기관 등에서 들어오는 신호에 대응하여 소뇌가 근육의 움직임을 무의식중에 적절히 조절하기 때문이다. 이름하여 운동제어다. 운동제어가 있기 때문에 불안정한 상태임에도 불구하고 쓰러지지 않고 걸을 수 있다.

　그런 의미에서 보면 세그웨이 자체가 인체를 모사한 하나의 로봇인 것이다. 세그웨이의 자이로스코프와 가속도센서는 내이(內耳)의 전정기관과 같고, 제어 컴퓨터는 두뇌와 같고, 바퀴를 돌리는 모터는 근육과 같고, 마지막으로 타이어는 발과 같다.

세그웨이의 안정성에 대해 의구심을 갖는 사람들도 일부 있다. 2010년에는 세그웨이 회사의 소유주가 세그웨이를 타다가 떨어져 죽었다는 뉴스가 사람들을 놀라게 했다. 이 뉴스 때문에 미국에서는 캐이먼이 죽었다고 생각하는 사람도 꽤 된다. 하지만 죽은 건 영국의 사업가 지미 헤셀든이었다. 헤셀든은 세그웨이를 타고 절벽 길을 가다 떨어지는 사고를 당했다. 좀 더 유명하기로는 2003년 6월 당시의 미국 대통령인 아들 부시가 세그웨이에 올라타다가 그대로 엎어진 사건도 있다. 이로 인해 사람들은 세그웨이에 문제가 있다는 인상을 갖게 됐다. 하지만 이유는 단순했다. 부시가 세그웨이를 켜지도 않고 올라탔기 때문이었다.

발명은 창조하는 과정이지만
개발은 제거하는 과정이다

캐이먼이 미친 듯이 싫어하는 세 가지가 있다. MBA, 변호사, 그리고 관료다. 캐이먼은 롱아일랜드에 있는 섬 노스 덤플링을 사서 다소 장난스럽게 국가를 선포했다. 그리고 독립국가 대 독립국가로서 미국과 불가침 조약도 맺었다. 당시 미국 대통령이었던 아버지 부시와 친분이 있어서였다. 공식 국가도 있는데 가사가 이렇다.

"노스 덤플링, 노스 덤플링, 변호사들을 멀리 보내버려! 그리고 MBA들과 관료들도, 그러면 우리는 모두 자유야!"

캐이먼이 MBA들에 대해 부정적인 생각을 갖게 된 계기가 있다. 1987년 백스터는 자신들의 신장투석기를 개선해달라고 요청했다. 당시의 신장투석기는 시끄럽고, 비싸고, 무거웠다. 캐이먼은 신장투석기 내의 밸브를 약간 개선했지만, 곧 이게 답이 아니라고 생각했다. 근본적인 문제는 해결하지 않은 채 지엽적인 부분만 건드렸기 때문이었다. 캐이먼은 백스터의 요청과 무관하게 완전히 새로운 개념의 신장투석기를 디자인하는 프로젝트를 시작했다.

당시 데카에 있던 2명의 MBA는 "이건 미친 짓입니다!" 하고 반대의 목소리를 냈다. 고객이 의뢰하지도 않은 일을 회사 돈으로 개발하겠다고 나서면 '자본투자수익률'이 높지 않아서 안 된다는 이유였다. 게다가 개발이 성공한다는 보장도 없지 않느냐며 비관적으로 굴었다.

캐이먼은 진노했다. MBA들이 우상으로 여기는 J. P. 모건을 빗대 그들에게 소리쳤다. 만약 모건이 "미국 서부에 철도를 놓아야겠어." 하고 얘기하면 MBA들은 자본이 너무 많이 소요된다, 수익도 불확실하다, 그리고 거긴 빈 땅이라 아무것도 없다고 하면서 반대할 것이다. 그런 분별력 있어 보이는 반대에 대해 모건은 "이 바보들아, 나도 거기 아무것도 없다는 것은 알고 있어. 그게 바로 내가 철도를 놓으려는 이유란 말야!" 하고 쏘아붙일 것이라고 말이다.

캐이먼이 데카의 엔지니어들에게 늘 하는 얘기가 있다. "답을 풀지마라."다. 캐이먼은 답이 아니라 "문제를 해결하라."는 거다. 공대 교육도 잘못 운영되면 기존의 답을 확인하는 게 엔지니어링이라는 식의 인상을 학생들에게 줄 수 있다. 답을 잘 푸는 학생들은 대개 학점도 좋다. 하지만 문제를 해결하는 진짜 엔지니어들은 오히려 학점이 별로 좋지 않은 학생들 중에 나올 가능성이 높다.

캐이먼은 데카의 엔지니어를 뽑을 때 최고로 실력 있는 엔지니어만을 뽑았다. 하지만 그 의미가 학위가 있다거나, 학점이 좋았다거나, 혹은 단지 머리만 좋은 엔지니어라는 뜻은 아니었다. 캐이먼이 원하는 엔지니어는 '절벽에서 우선 뛰어내린 후 떨어지면서 기발한 새로운 낙하산을 디자인하는 걸 재미있다.'고 느끼는 엔지니어였다. 뛰기를 주저하면서 '이게 될까? 안 되지 않을까?' 하는 생각만 하는 엔지니어는 필요 없다는 거였다.

우선 팔을 걷어붙이고 일을 시작하는 이러한 태도를 데카에서는 '개구리에게 키스하기'라고 부른다. 독일의 성인용 동화작가 그림 형제가 쓴 『개구리 왕자』를 빗대어 캐이먼이 만든 말이다. 『개구리 왕자』는 공주가 못생긴 개구리를 싫어했는데 나중에 알고 보니 멋있는 이웃 나라의 왕자로 변신하여 행복하게 잘 살았다는 내용의 동화다. 문제는 키스를 하기 전에는 이 개구리가 왕자인지 아닌지 알 재간이 없다는 점이다. 그러니까 왕자를 발견하기 위해선 재지 말고 열심히 이 개구리, 저 개구리에게 키스를 해봐야 한다는 얘기였다. 엔지니어링의 본질이 무엇인지 캐이먼은 잘 알고 있는 것이다.

엔지니어링과 과학의 차이점에 대해 아는 사람들이 그렇게 많지 않다. 8장에 나올 제트 프로펄션 랩을 설립한 시어도어 폰 카르만은 가장 깔끔하게 이를 정의했다. 그에 의하면, "과학은 있는 것을 공부하는 것이고, 엔지니어링은 없던 것을 창조해내는 것"이다. 전자를 하는 사람이 과학자요, 후자를 하는 사람이 엔지니어라는 얘기다. 캐이먼도 이에 대한 자신의 생각을 얘기한 적이 있다. "과학은 '왜 그렇지(Why)?'에 대한 것, 엔지니어링은 '안 될 게 뭐야(Why not)?'에 대한 것"이다. 캐이먼의 정의는 카르만 것보다는 덜 날카롭지만 충분히 설득력이 있다.

캐이먼의 엄격한 안목으로 뽑은 데카의 엔지니어 중에 더그 필드라는 사람이 유명하다. 헬리콥터회사 시코르스키와 자동차회사 포드의 엔지니어였던 필드는 캐이먼을 만나 데카로 옮겼고, 이어 세그웨이의 개발을 처음부터 끝까지 총지휘했다. 데카의 내부 사정을 잘 아는 사람들의 견해에 따르면, 세그웨이가 나중에 제품으로 출시될 수 있었던 것은 필드의 공이 어쩌면 캐이먼보다 크다. 왜냐하면 캐이먼은 계속 새로운 것만 시도하고 싶어 하는 데 반해 필드는 하나의 완성된 제품이 될 수 있도록 리더십과 추진력을 발휘했기 때문이다.

필드는 이에 대해 분명한 생각을 가지고 있다. 발명은 창조하는 과정이지만 개발은 제거하는 과정이라는 거다. 어떤 테크놀로지가 단순한 아이디어 차원에서 끝나는 게 아니고 실제 상용화되려면 선택의 폭을 줄이고 대안을 버리고 또 타협해야 하기 때문이다. 실제로 시간과 자원은 무한하지 않다. 그렇다면 개발 과정에서 선택 가능한 대안을 버려나가는 것은 필수불가결한 일이다. 또한 필드에게 있어 개발은 미학적인 요소를 결코 무시할 수 없는 그런 일이었다. 그래서 그는 개인적으로 미술 과정과 보석디자인 과정에 등록해 이에 대한 공부를 하기도 했다.

필드는 어떻게 보면 굉장히 특이한 경력의 소유자라고 볼 수 있다. 무시무시한 혁신가면서 엄청난 엔지니어인 딘 캐이먼과 스티브 잡스, 그리고 엘론 머스크와 함께 일한 경험이 있기 때문이다. 잡스는 세그웨이에 투자하지는 못했지만, 그 개발 과정을 실질적으로 이끌어나간 필드의 실력을 높이 샀다. 그래서 2008년 여름 필드를 꼬셔 애플로 옮기게 했다. 필드는 애플에서 제품디자인 부사장으로 일했다. 그러다 2011년 10월 잡스가 죽자 애플 내에서 필드의 위치가 애매해졌다. 그 틈을 머스크가 치고 들어왔다. 2013년 10월 필드는 머스크의 전기자동차회사 테슬라 모터스의 부사장으로 옮겼고 현재까지도 테슬라에서 일하고 있다.

다시 캐이먼에 대한 얘기로 돌아와, 그에게 있어 테크놀로지의 궁극적 지향점은 바로 사람이다. 좀 더 정확히 이야기하자면 캐이먼은 테크놀로지를 통해 인류의 삶을 보다 이롭게 만들고 싶어 한다. 그러려면 온 세상이 테크놀로지에 대한 소양을 갖춰야 한다고 생각한다. 그래서 청소년들이 스포츠처럼 테크놀로지를 좋아할 수 있도록 하는 데 자신의 재산과 에너지를 쏟아 붓고 있다. 앞에서 얘기했던 퍼스트가 대표적인 예다.

퍼스트는 일종의 로봇경진대회인 '퍼스트 로보틱스 컴피티션'과 '퍼스트 테크 챌린지', 그리고 블록 장난감 회사 레고와 함께 '퍼스트 레고 리그'와 '퍼스트 레고 리그 주니어'를 주관하고 있다. 이들 행사는 보다 많은 사람들의 관심을 유발하고 보다 많은 학생들이 참가할 수 있도록 텔레비전으로 생중계된다. 규모가 어마어마한데, 가령 2015년에 열린 제24회 퍼스트 로보틱스 컴피티션의 경우 전 세계 19개국에서 온 2,904개 팀이 참가했고 참가 학생 수는 7만 3,000명을 상회했다. 이 해 일본은 2개 팀, 대만과 싱가포르는 각각 1개 팀, 중국은 25개 팀이 참가했지만 우리나라 팀은 없었다. 상금도 엄청난데, 퍼스트 테크 챌린지 같은 경우 매년 90억 원의 장학금을 놓고 전 세계의 고등학생들이 경쟁한다.

캐이먼의 삶은 미 해군 공병대의 구호를 연상시킨다. "어려운 일은 즉시 하고, 불가능한 일은 시간이 조금 더 걸려서 한다!"다. 우리가 공병대로 번역하는 영어 원문은 사실 '엔지니어 군단'이다. 엔지니어들로 구성된 부대라는 뜻이다. 엔지니어들에게 불가능이란 없다. 단지 조금 시간이 더 걸릴 뿐인 것이다. 다방면에 다재다능했던 독일의 문호 괴테가 남긴 다음의 말로 이 장을 마무리하는 것도 괜찮을 듯싶다. 내가 보기에 괴테는 엔지니어의 성향을 충분히 가지고 있다.

"내가 뭘 할 수 있을까 하는 상상의 결과가 무엇이든 간에, 우선 직접 시작해보세요. 대담한 행동은 그 자체의 놀라운 재능과 힘, 그리고 마법을 갖고 있습니다."

6

날개 없는 선풍기와 먼지봉투 없는
청소기를 만든 제임스 다이슨의 다이슨

Dyson

127년간 변함없던 선풍기의
고정관념을 깬 에어 멀티플라이어

2009년 10월이었다. 비교적 무명의 한 회사가 선풍기를 내놨다. 그런데 놀랍게도 선풍기 날개가 없었다. 이름하여 '날개 없는 선풍기'였다. 개인적으로 나는 이 제품을 처음 보고 "오오!" 하는 소리를 지르고 말았다. 충격 그 자체였다. 회전날개가 없는 선풍기라는 생각은 정말로 해보지 못했다. 왜냐하면 선풍기라면 당연히 날개가 있어야 한다고 생각했기 때문이었다. 억지로 위안을 삼자면 그런 생각을 한 것이 나뿐만은 아니었으리라는 점이었다.

회전날개를 돌려 발생된 바람으로 더위를 쫓겠다는 아이디어는 1850년대에 최초로 등장했다. 이전에 귀족들이 하인이나 노예를 시켜 부채를 휘두르게 하던 걸 기계로 대치하겠다는 거였다. 이때 당시의 동력원은 태엽이었다. 전기로 작동되는 선풍기는 1882년 미국의 엔지니어 쉴러 스캇츠 휠러가 최초로 개발했다. 이 최초의 전기 선풍기의 날개 수는 2개였다. 이후 선풍기를 천장에 단다든지 혹은 날개 수를 3개나 4개로 늘린다든지 하는 등의 개선은 있었지만 전기의 힘으로 팬을 돌려 바람을 만든다는 기본 개념은 변하지 않았다. 말하자면 무려 127년간 선풍기의 고정관념은 불변이었다.

1970년대만 해도 우리나라에서 선풍기는 더위를 상대로 동원할 수 있는 거의 유일한 수단이었다. 공기 자체가 후텁지근한 한여름에는 이마저도 별 소용이 없긴 했지만 그래도 없는 것보단 나았다. 그러다가 에어컨디셔너가 보편화되면서 선풍기의 필요성이 예전보다는 줄었다. 그래도 여전히 쓸모가 없지는 않다. 가령 에어컨의 찬바람을 직접 맞으면 몸이 견디기 어렵다. 그럴 땐 에어컨 대신 바람 방향을 다른 쪽으로 해놓은 선풍기 편이 훨씬 낫다. 온도 변화에 민감한 유아나 어린이들의 경우도 마찬가지다.

그런데 날개 달린 선풍기는 안전에 대한 우려가 늘 따라붙었다. 팬이 고속으로 돌다보니 어느 물체든지 접촉되면 심하게 상할 수 있었다. 그래서 철망으로 앞뒤를 가려놓았지만 완벽하지가 않았다. 물론 철망을 좀 더 촘촘히 하면 안전 문제를 거의 해결할 수는 있었다. 하지만 대신 바람을 만들어낸다는 선풍기 본래의 성능이 저하됐다. 너무 가려지는 부분이 많아지면 공기저항이 커져 바람도 충분히 세지 않고 또 소음도 커졌다. 안전과 성능 사이의 트레이드오프는 대개 성능을 보다 중시하는 쪽으로 결론지어지곤 했다. 아이들이 호기심에 철망 사이로 손가락을 집어넣을지 모른다는 걱정을 엄마들은 완전히 지울 수가 없었다.

그러니 날개가 없는 선풍기가 등장했을 때 전 세계의 엄마들은 깍하는 환호성을 지를 수밖에 없었다. 이제 선풍기로 인한 안전사고 걱정은 지나간 과거의 일이 됐다. 게다가 생긴 것은 또 왜 그토록 있어 보이던지, 집에 갖다 놓으면 집안 분위기가 고급스러워지는 데 도움이 될 듯했다.

그리고 결정적으로, 가격도 무척 비쌌다. 비싼 만큼 남들에게 '명품'이라 며 은근히 자랑하기 딱 좋았다. 한마디로 엄마들 눈에는 완벽한 제품이 었다.

이 제품의 공식 제품명은 '에어 멀티플라이어 01'이었다. 공기를 몇 배로 만들어준다는 뜻이었다. 숫자 '01'은 첫 번째 제품이란 뜻이었다. 이 선풍기를 만든 회사는 기존 제품을 현격히 개선할 때마다 숫자를 하나씩 올렸다. 2016년 현재 팔리고 있는 제품은 '에어 멀티플라이어 06'이다. 가 격은 눈이 휘둥그레지는 50만 원대다.

'날개 없는' 혁신적인 선풍기 에어 멀티플라이어

보통의 날개 달린 선풍기 가격은 사실 몇 만 원이 채 되지 않는다. 기존의 선풍기라면 들어가는 부품이 전기모터와 팬 그리고 이를 지지하는 몸체가 전부다. 남들과 달라지고 싶어도 다르기가 정말로 어렵다. 그래서 기존의 가전업체들은 선풍기를 생산 품목에서 아예 빼버린 예도 적지 않다. 테크놀로지 관점에서 진입장벽이 낮다 보니 신생업체들도 얼마든지 시장에 뛰어들 수 있다. 즉 선풍기 시장은 경제학 교과서에 나오는 '완전경쟁시장'의 좋은 예다. 차별화되기 어려운 범용재를 갖고 얼마 되지도 않는 이익을 위해 피 터지는 경쟁이 벌어지는 것이다. 소비자에게는 천국이지만 회사로서는 지옥이다.

그러면 에어 멀티플라이어는 어떻게 날개도 없는데 바람이 나오는 걸까? 이 제품의 생김새는 아래쪽에 원통 모양의 지지대가 있고 그 위에 반지처럼 가운데가 뚫린 원형 링이 올려져 있다. 아래쪽의 원통 지지대 안에는 전기모터와 팬이 설치돼 있다. 모터가 팬을 돌려 원통 측면의 작은 구멍을 통해 공기를 빨아들인다. 빨아들여진 공기는 위쪽의 원형 링에 있는 얇은 틈을 통해 빠져나간다. 이때 공기가 비행기 날개를 지날 때 나타나는 이른바 코안다 효과가 발생되어 처음 팬에 의해 만들어진 바람보다 훨씬 빠른 속도로 분출된다. 원형 링의 내외부 형상이 이를 극대화하도록 디자인돼 있는 탓에 주변의 공기도 끌려와 결과적으로 바람의 양이 15배가량 증대된다.

이러한 테크놀로지를 맨 먼저 제품에 구현하는 건 참으로 영웅적인 일이다. 하지만 나온 제품을 뜯어보고 거의 비슷하게 만들어내는 건 아무나 할 수 있다. 이 날개 없는 선풍기를 만든 회사도 자신들의 테크놀로지를 철면피처럼 무단 도용할 사람들을 일렬로 세우면 만리장성보다 길 것이라는 점을 알았다. 그래서 특허권으로 자신들의 테크놀로지를 꼼꼼히 감쌌다. 이렇게 되면 어느 수준 이상의 가전업체들은 당장 대놓고 베끼지는 못할 터였다. 하지만 듣도 보도 못한 영세업체들의 노골적인 해적

질에는 답이 없었다. 소송을 제기해서 망하게 해봐야 또 다시 이름을 바꿔서 잡초처럼 생길 것이기 때문이었다.

고백하자면 나도 이런 짝퉁 제품을 하나 샀다. 생긴 것은 정품 에어 멀티플라이어와 거의 똑같았고 바람도 문제없이 나왔다. 게다가 이 짝퉁은 5만 원에 불과했다. 정품이 당연히 뭐가 좋아도 더 좋으리란 건 알았지만 짝퉁의 10배가 넘는 돈을 지불하는 건 뭔가 아까웠다. 바람이야 결국 같은 바람 아니겠냐는 말로 스스로의 눈을 가렸다.

결론적으로 말하자면 그러한 결정은 현명하지 못한 것으로 판명 났다. 짝퉁에서는 뭔가 좋지 못한 냄새가 났다. 모터 타는 냄새랄지 플라스틱 타는 냄새 같은 게 났고 기름 냄새 같은 것도 났다. 바람의 세기도 생각보다 약했다. 물론 모터 회전속도를 올리면 바람이 세졌지만 그러면 너무 시끄러웠다. 원래 불법 복제는 원리를 흉내 낼 수는 있지만 눈에 잘 안 보이는 세세한 테크놀로지까지 베낄 방법은 없다. 그러더니 한 달을 못 버티고 서버리고 말았다. (미안해요, 제임스, 그냥 정품을 샀어야 했는데 그러지 못했어요. 대신 진공청소기는 제대로 된 당신 회사 것을 하나 갖고 있어요. 두말할 나위 없이 최고예요.)

다이슨은 에어 멀티플라이어의 아이디어를 손 건조기에서 얻었다. 손 건조기는 화장실에서 손을 씻은 후 물을 말리는 기계다. 선풍기 못지않게 평범하기 짝이 없는 제품이다. 이런 데에서 혁신이 가능하리라고 생각한 사람은 다이슨 이전에는 아무도 없었다. 고작 생각하는 게 가격을 낮추거나 혹은 무의미한 장식적 디자인으로 사람들을 꾀거나, 그도 아니면 마케팅이라는 이름의 세뇌공작을 펼치는 게 회사가 할 수 있는 전부라고 여겼다. 지금 듣고 보면 손 건조기의 방식을 선풍기에 적용한 건 지극히 당연한 일 같다. 별것 아닌 것처럼 보인다는 얘기다. 그렇지만 결코 그

렇지 않다. 이럴 때 쓰라고 있는 말이 바
로 콜럼버스의 달걀이다.

　이외에도 에어 멀티플라이어에는 많
은 테크놀로지가 숨어 있다. 가령 바람이
나오는 일반 선풍기를 마주 보고 "아~"
하고 말하면 소리가 뚝뚝 끊긴다. 선풍기
의 날개에 의해 공기가 단절되기 때문이
다. 그에 반해 에어 멀티플라이어는 마주
보고 말해도 소리가 잘리지 않는다. 끊어

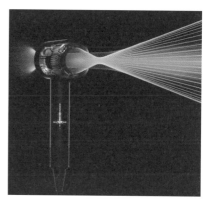

머리를 데일 염려도 없고 소음도 거의 없는 헤어드라이어
슈퍼소닉

지지 않고 연속적인 자연스러운 바람이기 때문이다. 또 일반 선풍기에 비
해 시끄럽다는 평도 있는데, 특히 짝퉁의 경우 심하다. 그래서 최근의 에
어 멀티플라이어 06의 경우 '헬름홀츠 공동'이라는 것이 원통 내부에 숨
겨져 있다. 보통 헬름홀츠 공명기라는 이름으로 불리는 이것은 특정 주
파수의 소음을 줄이는 데 효과가 있다.

　2016년 4월 다이슨은 그의 또 다른 신제품을 내놨다. 이번에는 헤어
드라이어였다. '슈퍼소닉', 즉 초음속이라는 이름이 붙은 이 제품은 아무
리 오래 써도 뜨거워지지 않아 머리를 델 염려가 없고 소음도 훨씬 적게
난다. 이 제품의 가격 또한 지극히 다이슨스럽다. 우리 돈으로 무려 거의
50만 원이다. 악 소리 나지만 물건을 써보면 무척 탐이 난다.

무서운 경쟁이 벌어지는
가전업계의 신데렐라, 다이슨

　앞에서도 한 번 얘기했지만 가전업계 내의 경쟁은 정말로 치열하다.

한때 세계적인 가전회사였다가 지금은 사업을 그만둔 회사가 한둘이 아니다. 가령 에디슨이 세운 제너럴일렉트릭, 즉 GE는 2016년 1월 중국회사 하이얼에 가전사업 부문을 통째로 팔아버렸다. 미국 내에서 GE와 자웅을 겨루던 웨스팅하우스도 진즉에 가전사업 부문을 정리했다.

한편 경쟁이 치열한 만큼 브랜드 인지도가 높은 몇몇 회사들의 과점적 시장 지배력을 신생업체가 뚫기가 만만치 않다. 가령 냉장고는 월풀, 세탁기는 매이태그, 진공청소기는 후버 같은 식이다. 국내에서라면 LG전자와 삼성전자라는 두 회사의 지배력이 막강하다. 이에 도전했다가 결국 사라진 회사가 부지기수다.

다이슨은 가전회사지만 모든 것을 다 하지는 않는다. 다이슨이 설립된 해는 1993년으로 그때 만들었던 제품은 진공청소기 하나였다. 그리고 이 진공청소기 하나로 세계 시장을 제패했다. 지금도 다이슨의 주력 제품은 진공청소기다. 현재 다이슨이 만드는 또 다른 제품으론 세탁기, 손 건조기, 에어 멀티플라이어, 헤어드라이어가 있다. 이외에도 분당 10만 회 전수로 작동할 수 있는 전기모터를 개발했지만 일반 가정용과는 거리가 멀고, 또 가정용 로봇도 개발 중이지만 가시적인 결과는 아직 없다. 그러니까 실제 가정에 팔릴 제품은 단 다섯 종류에 불과하다.

127년간 선풍기에 근본적인 혁신이 없었던 것처럼 진공청소기도 지난 100여 년간 유사한 상황에 놓여 있었다. 최초의 진공청소기가 언제 만들어졌는지는 불명확하다. 하지만 최초의 실용적 진공청소기가 만들어진 건 대략 1907년이었다. 미국 오하이오에 살던 제임스 스팽글러는 50대 후반의 백화점 수위였다. 백화점 바닥에 깔려 있는 카펫의 먼지를 치우느라 천식이 생긴 그는 모터로 팬을 돌려 공기를 빨아들이고 이를 먼지봉투에 담는 현대 방식의 진공청소기를 창조했다. 얼기설기 만든 이 물건은 의외로 잘 작동됐고, 스팽글러는 1908년 이에 대한 특허를 받았다.

아이러니한 일은 많은 이들이 자신의 발명으로 인한 혜택을 누리지 못한다는 점이다. 스팽글러도 예외는 아니었다. 스팽글러는 돈이 다 떨어지자 특허권을 자신의 아내의 사촌이었던 윌리엄 후버에게 팔았다. 가죽 마구제품을 만드는 업자였던 후버는 자동차의 인기가 올라가는 것을 보면서 사업다각화 차원에서 스팽글러의 특허권을 산 거였다.

후버는 엔지니어는 아니었지만 장사 수완이 좋았다. 자사의 진공청소기를 무료로 사용하게 해준다는 캠페인을 통해 전국적인 판매망을 구축하는 데 성공했다. 동시에 미국 내에서 "진공청소기 하면 역시 후버"라는 생각을 잠재적 소비자들에게 각인시켰다. 모터로 공기를 빨아들여 먼지봉투에 모으는 후버의 진공청소기는 이후 하나의 표준이 됐다. 세상의 어떤 가전회사도 이러한 개념과 무관한 진공청소기는 상상조차 하지 못했다. 제임스 다이슨 이전까지는 말이다.

제임스 다이슨이 진공청소기를 심각하게 바라보게 된 데에는 이유가 있었다. 그는 원래 '커크-다이슨 디자인스'라는 회사의 공동 창업주였다. 다이슨은 1971년 볼배로라는 손수레를 발명하여 요즘 말로 대박을 냈다. 영국인들은 자신의 정원을 가꾸는 걸 무척 즐긴다. 그런데 바퀴가 2개 혹은 4개 달린 보통의 수레를 쓰면 바퀴 때문에 정원이 파이곤 했다. 그게 거슬렸던 다이슨은 바퀴 대신 커다란 공 하나를 바퀴처럼 쓰는 손수레를 만들었고 그게 볼배로였다. 요즘 한국타이어 선전에 나오는 공 모양의 바퀴와 비슷한 걸 생각하면 틀림없다.

처음에는 플라스틱 재질로 완전한 구를 만들기가 쉽지 않았다. 가능하다는 회사 하나를 찾아서 만들었는데 몇 달 후 조건이 바뀌었다며 가격을 올리려 들었다. 그래서 또 다른 회사를 찾아서 1년 동안 고정된 가격으로 일정량 이상을 만든다는 조건으로 계약했다. 그랬는데 어이없게도 이 회사도 한 달 만에 계약을 다시 맺든가 아니면 그만두든가 하라며 위협해왔다. 이게 짜증이 난 다이슨은 이자율이 연 20%가 넘는 시대였지만, 7,200만 원을 빌려 미국 회사로부터 직접 플라스틱 사출성형 기계를 샀다. 기계 사용법이 전혀 익숙하지 않았지만 시행착오를 거치면서 직접 생산에 나섰다.

커다란 공 바퀴가 달린 손수레라는 개념이 흥미롭긴 해도 누가 이 볼배로를 살지 다이슨은 확신이 없었다. 다이슨이 처음에 목표로 한 잠재 고객은 중산층의 중년 여성과 건설업자였다. 구매력이 좀 있어야 볼배로에 관심을 보일 것 같았고, 또 어떤 식으로든 손수레가 필요한 건설업자들도 관심을 보일지 모른다는 막연한 기대를 했던 거였다. 우연한 기회에 알게 된 미스 잉글랜드 등을 통해 마케팅에 나섰지만 별다른 반응이 없었다. 지푸라기라도 잡는 심정으로 신문에 조그맣게 광고를 냈는데 갑자기 수표가 날아오기 시작했다. 대당 3만 2,000원의 볼배로는 날개 돋친 듯 팔려나갔다.

문제는 다이슨이 볼배로의 특허권을 자신이 아닌 커크-다이슨 앞으로 해놓았다는 점이었다. 볼배로로 인해 들어오는 현금에만 관심이 있는 동업자들은 볼배로의 창조자인 다이슨을 시기했고 결국 작당하여 다이슨을 회사에서 쫓아냈다. 그렇게 허망하게 다이슨은 1979년 무직 신세가 됐다.

갑자기 직장을 잃고 집에서 놀게 된 다이슨은 어느 날 집안 청소나 해야겠다고 생각했다. 그런데 진공청소기를 돌리다가 이내 분통을 터트리고 말았다. 생각했던 것보다 너무 먼지를 못 빨아들이는 거였다. 새로운 먼지봉투를 끼워도 상황은 별로 달라지지 않았다. 결정적으로 먼지를 걸러내는 필터 부분이 조금만 쓰다보면 이물질들로 막히는 탓이었다. 즉 새로 산 직후에는 되는 듯싶다가 얼마 지나면 흡입력이 저하되는 근본적인 문제가 있었다. 이에 대한 다이슨의 목소리를 직접 들어보자.

"사용하자마자 막히는 먼지봉투를 넣은 대기업 제품에 100년간 속 아왔다는 데 대해 정말 많이 화가 났다. 그래서 내 손으로 제대로 된 청소기를 만들어보겠노라고 생각했다."

1980년 1월부터 꼬박 3년간 자신의 집 창고에서 새로운 방식의 진공청소기 개발에 나섰다. 그 과정을 처음부터 끝까지 혼자서 했다. 아침에 아이들이 학교에 가고 나면 출근하듯 창고로 갔고 저녁 때 퇴근하듯 창고에서 나왔다. 3년의 외로운 개발 기간 동안 다이슨은 5,126번의 시제품을 만들고 실패하는 과정을 거쳤다. 단순 산술 계산을 해보면, 1년에 1,709개, 주말과 휴일 포함해서 매일 약 4.7개의 시제품을 만들고 부수고 했다는 뜻이다. 결국 5,127번째 시제품에서 스스로 만족할 만한 결과를 얻었다. 이 물건이 나중에 다이슨의 간판이 된 '듀얼 사이클론 01'이다.

듀얼 사이클론에는 기존의 진공청소기에 필수적이던 교환용 먼지봉투가 없다. 또한 문제의 근원이던 먼지필터도 없다. 듀얼 사이클론은 이 두 가지 없이도 먼지를 빨아들여 없앨 수 있는 진공청소기인 것이다. 한 번 써보면 속이 다 후련해진다. 기존의 진공청소기를 써봤던 사람이라면 이를 더 실감할 수 있다. 한마디로 카타르시스를 느낄 정도다.

그렇게 당해놓고도 다이슨은 자신을 차버린 커크-다이슨의 옛 동업자들에게 일말의 기대를 갖고 있었다. 듀얼 사이클론을 제품화하는 것에 대해 그들과 상의했던 것이다. 그들의 반응은 다음과 같았다.

다이슨이 최초로 개발한, 먼지봉투와 먼지필터가 없는 진공청소기 듀얼 사이클론 01

"하지만 제임스, 그렇게 좋은 진공청소기가 있었다면 후버에서 진작에 내놓지 않았겠어?"

그래서 커크-다이슨은 그냥 공 달린 수레만 만드는 회사로 남고 말았다.

다이슨이 만든 듀얼 사이클론의 명성은 드높다. 어느 정도냐면 영국의 빅토리아 앨버트 박물관의 20세기관에 전시될 정도다. 전시물 중 가전제품은 듀얼 사이클론이 유일하다. 이외에도 사이언스 박물관과 쿠퍼-휴윗 국립 디자인박물관에도 영구 전시돼 있다. 또 듀얼 사이클론은 패션쇼에도 선 적이 있다. 디자인이 워낙 섹시해서다. 2003년 뉴욕 패션위크에서 디자이너 타라 서브코프는 25대의 듀얼 사이클론을 상반신 탈의 모델들과 함께 무대에 세웠다.

좀 더 상징적인 사례로는 다이슨이 1998년 영국 여왕 엘리자베스 2세로부터 대영제국 3등급 훈장을 받을 때의 일이 있다. 여왕은 다이슨에게 무얼 하는 사람인지 물었고, 다이슨은 진공청소기를 만든다고 대답했다. 그러자 여왕은 다음과 같이 말했다.

"다이슨, 오 정말요? 그거라면 우리 궁전에도 수십 대가 있어요."

회사 다이슨의 연간 매출은 대략 2조 원을 상회한다. 그리고 이익률도 놀라울 정도로 높다. 가령 2013년의 순이익률은 29.4%에 달했다. 다이슨은 공개상장된 적이 없는 개인 기업이다.

미대생, 세계 최고의 엔지니어가 되어
기사 작위를 받다

회사 다이슨의 창업주 엔지니어 제임스 다이슨은 1947년 영국 노포 크에서 3남매의 막내로 태어났다. 이 책에 나오는 다른 엔지니어들처럼 다이슨 또한 평범하기 짝이 없는 유소년 시절을 보냈다. 다이슨의 아버지 는 고전을 가르치는 교사였는데 다이슨이 10세 때 암으로 세상을 떴다.

아버지의 죽음은 다이슨에게 두 가지 방식으로 영향을 끼쳤다. 하나 는 아버지의 부재로 인해 또래 남자아이들보다 불리한 입장이지만 혼자 힘으로 극복하고야 말겠다는 생각을 했다는 점이다. 다른 하나는 자신이 하고 싶지 않은 일에 끌려다니지 않겠다는 결심이었다. 다이슨의 아버지 는 연극배우와 연출자가 되기를 꿈꿨지만 여의치 않았고, 죽기 직전에 영 국의 국영방송 BBC로부터 입사 통보를 받았지만 이미 너무 늦어버렸다.

소년 시절 다이슨이 관심을 가진 건 두 가지였다. 바순과 육상이었 다. 우연한 계기로 학교 오케스트라의 일원이 된 다이슨에게 바순은 사 실 넘기 버거운 벽이었다. 한마디로 '맨땅에 헤딩'하는 일에 가까웠지만 다이슨은 녹초가 될 때까지 이에 매달렸다. 이런 그의 근성은 그의 삶에 두고두고 나타났다. 나중에 꽤 실력이 출중해져 한때는 전문연주가의 길 을 걸을 것을 심각하게 고민하기도 했다. 그러나 연주는 잘하지만 음계가 잘못됐다는 이유로 평가 시험에 떨어졌고 이를 계기로 바순과는 작별했 다. 영국 교육의 관료주의적 결정 때문에 세상은 한 명의 위대한 엔지니 어를 갖게 된 것이다.

육상은 우연한 기회에 스스로에게 소질이 있다는 걸 발견했다. 하지 만 소질이 전부는 아니었다. 그는 유명한 육상 선수에 대한 책을 닥치는 대로 읽었다. 그 책들의 조언은 대개 비슷했다. 근육과 스태미나를 키우는 훈련을 끊임없이 해야 한다는 거였다. 그래서 다이슨은 아침 6시에 일어나 10km를 달리고 수업 전후엔 럭비 연습을 하고 밤 10시에 또 10km를 달리는 생활을 계속했다. 육상의 좋은 점은 모든 것이 나로 귀속된다는 점이다. 팀 스포츠처럼 남에게 의존해야 할 필요도 없고 또 심판이라고 하는 부조리한 존재가 끼어들 여지도 없다. 달리기는 다이슨에게 외로움과 고통의 극한까지 느끼게 했다. 하지만 동시에 실패에 대한 공포를 극복하도록 스스로를 단련하는 장이 됐다.

고등학교 때 관심을 가진 과목은 미술과 목공 두 과목뿐이었다. 그런데 미술 역시 음악처럼 학교의 권위를 높이는 수단으로 전락한 나머지 암기를 요할 뿐이었다. 다이슨이 가장 기쁨을 느낀 과목은 목공이었다. 물론 손을 써서 뭔가를 만드는 건 머리 나쁜 사람들이나 하는 일이라는 식의 편견이 없지 않았다. 하지만 그는 이게 손 하나 까딱할 줄 모르는 학자들이 만들어낸 신화라고 생각했다. 그는 지금도 이러한 생각을 고수하고 있다.

고등학교를 졸업할 무렵, 다이슨은 장래에 무슨 일을 해야 할지를 놓고 좌충우돌했다. 군인, 부동산 중개인, 의사 등을 시도해봤지만 연달아 거절당했다. 그러면서 미술에 관심이 있으면 미술 학교를 가라는 충고를 그들로부터 들었다.

1965년 다이슨이 진학한 학교는 런던에 있는 바이엄 쇼 미술학교였다. 다이슨은 1년간 화가가 되기 위한 회화 공부에 집중했다. 학장으로부터 회화 외의 여러 다른 분야에 대한 얘기를 듣고는 가구 디자이너가 되기로 결심했다. 이를 배우려면 대학원 과정인 왕립미술대학으로 진학해야 했는데, 지원의 전제조건인 미술학교 졸업이라는 조건을 다이슨은 채

갖추지 못했다. 그러나 당시 왕립미술대학은 마침 실험적인 반엘리트주의 정책을 실시하던 중이었다. 학사학위가 없어도 인터뷰를 통해 세 명을 입학시켰던 것이다. 1966년 이 세 명 중의 한 명으로 입학한 다이슨은 1970년에 졸업했다.

가구 디자이너가 되고 싶다는 다이슨의 생각은 막상 왕립미술대학에 오자 바뀌었다. 그의 관심을 잡아끈 것은 인테리어 디자인이었다. 특히 다이슨이 흥미를 갖게 된 분야는 구조공학이었다. 구조공학은 기둥과 부재로 구성된 교량이나 건축물의 역학적 측면과 미학적 측면을 동시에 배우는 과목이었다. 이 과목을 가르친 이는 런던의 워털루 역을 디자인한 앤서니 헌트로, 그는 원래 토목 엔지니어였다가 나중에 산업 디자인에 관심을 갖게 된 이력의 소유자였다. 다이슨은 헌트의 과목에 완전히 매혹되고 말았다.

다이슨은 두 사람을 마음속의 영웅으로 삼고 있는데, 그중 한 사람은 미국의 건축 엔지니어면서 디자이너였던 벅민스터 풀러다. 하버드 대학에 입학했다가 두 번이나 졸업하지 못하고 쫓겨났던 풀러는 직조공장의 기술자와 고기공장의 노동자 생활을 거치기도 했다. 나중에 지오데식 돔이라는 구조적으로 매우 효율적인 디자인을 창안함으로써 세계적인 명성을 얻었다.

그러나 그 과정은 결코 순탄하지만은 않았다. 풀러는 독창적인 혁신을 이루려면 비난을 무릅쓰고 자신의 비전을 추구해야 한다는 사실을 한평생의 경험으로 깨달았다. 진정한 변화를 이끌어내려면 기존 방식의 근본을 흔들어야 한다고 말이다. 세상의 혁신가들이 종종 악당으로 묘사되는 이유도 알고 보면 여기에 있었다. 다이슨은 풀러의 삶과 그가 남긴 업적을 보면서 우리의 삶에 진정한 변화를 가져오려면 단순한 디자이너가 되는 것만으로는 불충분하다는 사실을 인식했다. 창의적인 엔지니어링이 핵심이라는 사실을 깨달은 거였다.

하지만 다이슨이 진정으로 존경하는 사람은 따로 있었다. 바로 영국의 전설적 엔지니어 이점바드 킹덤 브루넬이다. 그는 도크를 건설했고, 철도를 놓았으며, 한 치의 오차도 없이 터널을 뚫었고, 무수히 많은 유명한 다리를 세웠으며, 그것도 모자라 스크류로 대서양을 횡단한 최초의 철제 증기선을 만들었다. 다이슨은 브루넬이 세운 현수교의 수학적 아름다움에 매료됐다.

이를 통해 다이슨은 예술의 세계에서 엔지니어링과 디자인의 세계로 건너왔다. 그에 의하면, 예술의 세계는 인간의 판단에 매달려야 하므로 불쾌한 아첨꾼들과 인간적 실수, 그리고 연약함에 지배된다. 반면 엔지니어링과 디자인의 세계는 오직 물리적 법칙과 시장의 판단에 좌우되며 이쪽이 훨씬 정직하다고 본 것이다. 그리고 다이슨은 몇 개의 혁신적 제품으로 이를 세상에 증명했다.

영국의 젊은이들에게 고귀한 영감을 주는 인물로 자리매김한 다이슨에 대해 그의 공헌을 높이 산 영국 왕실은 각종 훈장과 작위를 수여해왔다. 영국인들은 이러한 훈장이나 작위를 이름 옆에 쓸 수 있는 권리를 굉장히 영광스러워하는데, 다이슨은 이들의 개수가 너무 많아 어지러울 지경이다. 앞에서 얘기한 바와 같이 1998년에 3등급 대영제국훈장을 받았고, 2007년에는 최하위 기사에 봉해져 '다이슨 경'으로 불릴 수 있게 됐다. 또 2015년 12월 말일자로 '공로 훈위'에 봉해졌으며, 왕립 엔지니어링 아카데미와 왕립협회 회원이기도 하다.

다이슨은 청소년들이 엔지니어링에 흥미를 갖고 공부하도록 하는 데 개인적으로 큰 관심을 쏟아왔다. 이를 위해 2002년에 제임스 다이슨 재단을 설립해 영국, 미국, 일본에서 공식적으로 활동 중이다. 학생들로 하여금 남들과 다르게 생각하는 것과 실수하는 것을 두려워하지 않도록 격려하여 궁극적으로는 그들이 엔지니어가 되도록 하는 게 재단의 공식적인 목표다.

또한 국제적인 디자인 상인 제임스 다이슨 상을 제정하여 수여하고 있다. 디자인과 엔지니어링 분야의 학생과 졸업생들을 대상으로 하는 이 상은 다음 세대의 디자인 엔지니어를 발굴하고 격려하며 영감을 불어넣어주는 수단이다. 상금은 4,500만 원인데, 2014년의 수상자는 단돈 50만 원으로 6,000만 원짜리 성능을 보인 휴대용 인큐베이터를 만든 24세의 대학원생에게 돌아갔다.

이외에도 2015년 3월에는 288억 원을 영국의 임페리얼 컬리지에 기부하여 '다이슨 스쿨 오브 디자인 엔지니어링'을 세웠고, 로봇 분야를 육성하기 위해 '다이슨 인스티튜트 오브 테크놀로지'라는 대학을 직접 설립했다. 2017년 가을부터 신입생을 받는 다이슨 인스티튜트에 입학하면 4년간 학비가 무료일 뿐만 아니라 월급도 받는다. "제조업 경쟁력에 대한 영국 정부의 위기의식이 부족"한 것에 대해 직접 행동에 나서기로 한 것이다. 엔지니어링 스쿨을 나오지 않은 앞 장의 캐이먼과 이번 장의 다이슨이 누구보다도 엔지니어링 교육에 열의를 갖고 있는 것을 보면 묘한 감정과 함께 존경의 마음을 금할 수 없다.

회사 내에서 '치프(Chief) 엔지니어'라고 불리길 원하는 다이슨은 언젠가 한 국내 언론과 인터뷰를 한 적이 있었다. 여기서 다이슨은, "그 누구의 말도 듣지 마라. 소비자들도 그들이 원하는 게 무엇인지 잘 모른다. 그러니 그들의 습관을 잘 간파하여 그들이 깜짝 놀랄 만한 물건을 만들어야 한다."고 말했다. 이 말만 놓고 들으면 잡스가 했던 말과 거의 구별이 되지 않아 그게 더 놀랍다. 그래서일까, 그에게는 '영국의 스티브 잡스'라는 별명도 있다.

그러한 다이슨의 개인 재산은 2015년 기준으로 대략 4.9조 원이다.

사이클론은 먼지봉투 없는 진공청소기의 핵심 테크놀로지

이번에는 다이슨의 먼지봉투 없는 진공청소기 듀얼 사이클론을 테크놀로지 관점에서 바라보도록 하자. 그러기에 앞서 기존 진공청소기의 작동 원리에 대해 다시 한 번 생각해보자. 기존 진공청소기들은 팬을 분당 1만 번 넘게 고속으로 회전시켜 먼지가 포함된 공기를 빨아들인다. 먼지와 공기가 진공청소기 안으로 빨려 들어가는 이유는 기압차 때문이다. 진공청소기 몸체에 있는 모터가 팬을 빠르게 회전시켜 내부의 공기를 밖으로 내보내면 내부의 압력이 0에 가까워진다. 기압을 만들어내는 공기가 사라졌기 때문에, 즉 진공상태에 준하는 상태가 되기 때문이다. 압력차가 존재할 경우 유체는 압력이 높은 곳에서 낮은 곳으로 흐르게 되며, 따라서 진공청소기의 호스에서 내부로 먼지와 공기가 빨려 들어온다.

그렇게 진공청소기 내부로 빨려 들어온 먼지와 공기는 그다음 먼지봉투를 지난다. 그런데 각종 먼지들은 필터를 통과하지 못하고 필터에 의해 걸러져 먼지봉투 안에 남게 되며, 필터를 통과할 수 있는 깨끗한 공기만 밖으로 다시 배출된다. 이 과정에서 먼지들은 먼지봉투에 차곡차곡 쌓이고, 어느 정도 이상 되면 먼지봉투를 교체해 문제없이 계속 사용할 수 있다. 이론적으로 보자면 아무 문제없어 보인다.

하지만 실제로는 문제가 많다. 우선 먼지봉투가 비어 있을 때와 어

느 정도 차 있을 때의 흡입력에 차이
가 난다. 봉투의 벽면이 먼지로 막히
면서 공기가 잘 안 통하기 때문이다.
새 봉투를 갈아 끼지 않고서는 해결
방법이 없다. 그렇다고 얼마 쓰지도
않는데 계속 봉투를 갈자니 손이
많이 가고 귀찮다. 물론 돈도 많이
든다.

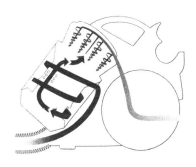

먼지가 포함된 공기를 유입한 후 원심력에 의존해
먼지만 분리하는 듀얼 사이클론의 원리

　마찬가지의 문제가 필터에도 있다. 필터는 눈에 잘 안 보이는 미세먼
지를 거르자는 것인데, 미세한 만큼 금방 필터의 구멍을 막아버린다. 즉
필터로서의 능력이 급속히 약화된다. 또한 구멍이 막히는 만큼 전체적인
흡입력을 떨어트린다. 이 또한 해결 방법이 필터 청소를 자주 해주거나 아
니면 새 필터로 교환하는 것 외에는 없다. 어느 쪽이든 번거롭다.

　기존 방식의 근본적 한계를 인식한 다이슨은 3년에 걸쳐 듀얼 사이
클론 테크놀로지를 개발했다. 듀얼 사이클론 테크놀로지는 글자 그대로
사이클론이 복수로 존재하는 걸 말한다. 사전적으로 사이클론은 인도양
에서 발생하는 열대성 저기압을 가리킨다. 즉 태풍처럼 센 바람을 말하
는데, 그래서 듀얼 사이클론이란 흡입력을 증대시키기 위해 모터를 두 개
로 했나 하는 착각을 하기 쉽다. 하지만 실상은 그런 것과 거리가 멀다.

　사이클론은 산업 현장에서 분진을 제거하는 집진 장치의 다른 이름
이다. 원리는 이렇다. 속이 빈 원뿔 모양의 장치를 거꾸로 놓고 꼭짓점 쪽
에 구멍을 뚫어놓는다. 커다란 깔때기를 상상해도 무방한데, 이 깔때기
를 고속으로 회전시킨다. 이 상태에서 깔때기의 상부에 분진이 함유된 기
류를 유입시키면 깔때기 형상을 따라 내려가면서 기류의 속도가 올라간

다. 속도가 올라간 만큼 분진에 가해지는 원심력이 급격히 커진다. 엄청난 원심력 때문에 분진들은 모조리 깔때기 벽면에 모이게 되며 이윽고 구멍을 통해 아래로 배출된다. 이러한 장치는 이미 한참 전부터 사용되어 온 익숙한 것이었다.

사이클론의 결정적인 장점은 필터나 별도의 먼지봉투가 필요하지 않다는 점이다. 먼지가 포함된 공기를 유입한 후 원심력에 의존해 먼지만 분리시키고 나머지 깨끗한 공기는 그대로 배출된다. 먼지를 모아놓는 통이 조금 찼다고 해서 먼지를 분리하는 성능이 떨어질 리가 없다. 미세한 구멍을 통해 공기를 강제로 통과시키는 방식이 아니기 때문이다. 더불어 아무리 오래 써도 흡입력이 줄지 않는다는 장점도 자동적으로 따라온다.

다이슨의 듀얼 사이클론의 경우, 먼지가 포함된 공기는 시속 32km의 속도로 먼저 유입된다. 이게 원추형 장치를 따라 돌면서 나중에는 시속 322km까지 속도가 올라간다. 이를 통해 대부분의 먼지를 제거할 수 있다. 여기까지는 기존의 사이클론을 아는 사람이라면 누구라도 쉽게 따라 할 법하다.

그러나 다이슨은 이것으로 충분하지 않다는 것을 반복된 실험을 통해 깨달았다. 여기서부터가 정말로 어려운 부분이었다. 위의 사이클론만 갖고는 눈에 보이지 않는 작은 미세먼지가 걸러지지 않았다. 워낙 작고 가벼운 탓에 충분한 원심력을 받지 못하는 탓이었다. 그렇다고 무턱대고 회전속도를 올리면 커다란 먼지 덩어리들의 제거 효율이 떨어지는 또 다른 문제가 생겼다.

다이슨은 도움이 될까 싶어 관련 문헌을 찾아보았다. 그러나 사이클론 내 입자들의 움직임에 대한 최소 여섯 가지의 다른 공식이 존재한다는 것을 발견했다. 그리고 어느 것도 실제로는 큰 도움이 되지 못했다. 다이슨은 끊임없는 시행착오를 통해 무엇이 되고 무엇이 안 되는지를 확인해야 했다.

다이슨의 최종적인 해결 방안은 두 개의 사이클론을 직렬로 연결하는 것이었다. 그리고 추가된 사이클론을 시속 1,500km 정도로 고속 회전시켜 미세 먼지들을 거르도록 했다. 두 개의 사이클론을 거치고 나면 큰 먼지와 미세 먼지 모두 문제없이 제거된다. 글자 그대로 '공기에서 먼지를 뽑아내는 것'이다.

다이슨은 듀얼 사이클론 테크놀로지에 대한 특허를 취득하여 독점적인 권리를 갖고 있었다. 하지만 이미 시간이 많이 지나서 현재는 만료된 상태다. 즉 다른 회사들도 이를 사용하는 데 아무런 제약이 없다. 심지어 후버에서도 이 테크놀로지를 기반으로 한 제품이 나오고 있다.

물론 그대로 넋 놓고 있다 당할 다이슨이 아니다. 자신들의 테크놀로지를 끊임없이 심화시켜나간다. 가령 2001년에는 루트 사이클론이라는 테크놀로지를 공개했다. 다이슨은 수많은 실험을 통해 사이클론의 크기를 작게 할수록 원심력이 강해진다는 사실을 깨달았다. 그렇지만 사이클론이 작아지면 대신 공기를 흡입하는 압력이 떨어지는 문제가 생겼다.

이에 대한 다이슨의 대응은 작은 사이클론을 여러 개 만드는 것이었다. 루트 사이클론을 기반으로 만든 DC07의 경우 전부 일곱 개의 사이클론이 있어서 흡입력은 오히려 이전보다 45% 이상 세졌다. 한 일본인 기자가 DC07을 보고는 다음과 같이 평했다.

"아, 아이맥을 베꼈네요."

내부가 보이는 반투명 플라스틱 케이스와 부드러운 곡선 디자인이 독창적이었던 아이맥은 애플의 일체형 데스크톱 컴퓨터다. 1998년에 출시된 아이맥은 잡스가 애플에 복귀한 이후 최초로 내놓았던 제품으로 현재까지도 애플의 디자인을 이끌고 있는 조너선 아이브의 작품이기도 하다. 투명한 플라스틱을 통해 내부가 보이는 다이슨 진공청소기의 디자인이 아이맥과 비슷하다는 지적이었다.

이 일본인 기자의 관찰력은 칭찬해줄 만하나 결론적으로 그의 언급은 옳지 않다. 사실을 말하자면 조너선 아이브는 1995년 듀얼 사이클론을 하나 샀다. 그리고 얼마 지나지 않아 다이슨은 듀얼 사이클론 한 대를 잡스에게 보냈다. 그리고 결국 3년 뒤인 1998년에 아이맥이 세상에 등장했다. 그러니까 시간의 선후 관계상 애플이 다이슨을 베낄 수는 있어도 다이슨이 애플을 베낄 수는 없다는 얘기다.

아, 혹시라도 오해가 있을까봐 얘기하는데, 아이브와 잡스가 다이슨을 베꼈다고 얘기하는 건 아니다. 아이브와 잡스가 1995년 이전부터 투명한 플라스틱 케이스를 상상해왔을 수도 있으니까. 그보다 중요한 것은 엔지니어링의 세계에서 실현되지 않은 상상은 아무런 의미가 없다는 점이다. 미술가 파블로 피카소는 이 문제를 다음과 같이 정리했다.

"좋은 예술가는 빌린다. (그러나) 위대한 예술가는 훔친다."

부당한 가전 골리앗들을 상대로 한
다윗의 돌팔매질

이제 다이슨이 자신의 물건을 세상에 내놓기 위해 어떠한 고초를 겪어야 했는지를 얘기할 차례다. 글로 옮기는 내가 봐도 정말로 힘들었겠다는 생각이 들 정도다. 그래도 다이슨은 장거리 달리기를 하는 심정으로 이를 모두 견뎌냈다.

1982년 듀얼 사이클론의 시제품을 완성한 다이슨은 회사를 설립했다. 그 회사는 다이슨이 아니었다. '에어 파워 배큠 클리너 컴퍼니'라는 회사였다. 회사의 자본금은 약 1억 원이었는데, 40%가량인 4,000만 원은 다이슨이 한때 일했던 로토르크라는 회사의 창업주 엔지니어 제레미 프라이가 투자한 거였고, 나머지는 다이슨의 개인 지분이었다. 참고로 로토르크는 영국의 주가지수 FTSE 250에 포함된 상장회사다.

다이슨은 이때 자신의 자본금을 마련하기 위해 집에 딸린 채소밭을 팔았고, 그러고도 모자라 집을 담보로 잡히고 은행으로부터 돈을 1,000만 원 넘게 빌려야 했다. 이외에도 집을 살 때 졌던 6,000만 원 정도의 빚이 더 있었다. 1982년 당시의 영국 평균 집값이 7,000만 원을 약간 넘었으니 다이슨은 재무적으로 아슬아슬했다. 즉 여기서 조금이라도 삐끗하다가는 그대로 개인파산을 맞이할 상황이었던 것이다.

그래서 다이슨은 프라이와의 협의 끝에 듀얼 사이클론의 직접 생산은 무리라는 결론을 내렸다. 대신 영국이나 유럽에 있는 가전회사들에 5년에서 10년 정도의 기간을 정해 듀얼 사이클론의 특허를 사용할 수 있는 권리를 파는 쪽으로 방향을 잡았다. 특허사용권을 주는 대신 선금으로 6,000만 원 정도의 돈을 받고 또 매출 금액의 5% 정도를 받을 요량이었다. 회사 이름도 차제에 '프로토타입'으로 바꿔버렸다.

그다음 3년간은 한마디로 고행의 연속이었다. 다이슨은 영국과 유럽의 각종 가전업체들을 만나고 다녔다. 하지만 계약은 성사될 줄을 몰랐다. 진공청소기를 만들던 회사들은 듀얼 사이클론 테크놀로지가 자신들의 비즈니스에 도움이 되지 않는다고 판단했다. 기존 제품들이 얼마든지 잘 팔리고 있고 또 교환용 먼지봉투도 팔아서 쏠쏠한데, '왜 굳이 다이슨의 특허를 써야 하는 거지?'라고 생각했다. 이를테면 면도기 자체보다는 교환용 면도날을 팔아 현금을 쓸어 모으는 질레트가 교환용 면도날이 필요 없는 면도기에 관심을 갖는 정도로 가능성이 없는 일이었던 것이다.

가령 후버와의 면담은 제대로 시작도 하기 전에 우습게 끝이 났다. 다이슨이 만난 말단 담당직원은 상담을 시작하기 전에 비밀 준수 동의서에 사인을 해야 한다고 요구했다. 동의서의 문구를 읽어보니 대화에서 나온 내용 등이 모두 후버의 소유며 이를 어길 경우 배상책임을 진다고 쓰여 있었다. 다이슨은 어이가 없었다. 얘기할 내용은 모조리 다이슨이 3년간 피땀 흘려 개발한 테크놀로지였다. 그런데 한 번 얘기를 하고 나면 그게 모조리 후버의 소유가 된다는 동의서에 어떻게 사인을 할 수 있겠는가 말이다.

그 뒤로도 무수히 많은 업체들을 만났지만 성과가 없었다. 가령 핫포인트라는 영국 유일의 가전업체는 먼지봉투 없는 진공청소기라는 개념이 지루하다며 거절했다. 일렉트로룩스, 알파테크, 자누시, 보워크, 백스, 고블린, 일렉트로스타, AEG, 해밀턴 비치도 줄줄이 퇴짜를 놨다. 이들 모두는 1980년대의 가전업계를 대표하는 회사들이었다.

사실 특허사용권 계약을 맺은 회사가 딱 하나 있었다. 바로 프라이의 로토르크 엔지니어링이었다. 로토르크는 3,200만 원을 일시금으로 내고 매출의 5%를 추가적으로 지급하는 계약을 맺었다. 하지만 판매는 부진했다. 직접 판매의 한계였다. 진공청소기가 본격적으로 팔리려면 대형 양판점에 들어갈 필요가 있었지만, 그런 곳들은 기존 가전업체와의 관계를 중시해 로토르크를 쳐다보지도 않았다. 결국 로토르크는 500대 정도만 판 채 먼지봉투 없는 진공청소기 제조를 접었다.

그 와중에 로토르크가 생산한 진공청소기의 사진이 한 항공사 기내 잡지에 실렸고, 그걸 본 몇몇 미국 회사들이 연락을 해왔다. 그러나 결과는 비슷했다. 전동공구 분야의 세계적인 기업 블랙앤데커와의 계약은 글자 그대로 성사 직전에 틀어졌다. 비즈니스 쪽에서는 전폭적으로 다이슨의 테크놀로지를 원했지만 법무담당 임원이라는 자가 특허사용권에 대한 선수일시금을 줄 수 없다고 우기는 바람에 그렇게 됐다. 콘에어라는 업체와도 일이 다 됐다가 마지막에 틀어졌다. 블랙앤데커에서 선수일시금을 줄 수 없다고 우기던 법무담당 임원이 마침 또 콘에어로 옮겨와 있던 탓이었다.

다음 순서는 암웨이였다. 협상은 의외로 순조롭게 진행됐다. 그런데 최종 사인을 할 때 암웨이는 전혀 다른 조건이 기술된 계약서를 내밀었다. 그동안의 성과 없음에 지쳐 있던 다이슨은 더 이상 싸우는 것을 포기하고 그냥 사인했다. 그게 1984년 5월이었다. 다이슨은 그래도 이제는 자신의 듀얼 사이클론 테크놀로지가 제품화되어 사람들 손에 들어가겠다고 안도했다. 8월 초까지 암웨이 본사를 두 번 더 방문하여 설계도를 건네주고 양산에 대해 상의했다.

그런데 9월 갑자기 암웨이로부터 한 통의 전신이 왔다. 재협상을 하겠다는 내용이었다. 그러더니 며칠 후에는 암웨이로부터 고소장이 날아들었다. 듀얼 사이클론이 아직 제품화될 수 없는 미성숙한 테크놀로지임에도 불구하고, 그렇지 않은 것처럼 다이슨이 암웨이를 속이는 사기를 저질렀다는 내용이었다. 다이슨과 프라이는 변호사를 고용해 대응할 수밖에 없었다.

더욱 골치 아픈 일은 법정 분쟁이 진행되는 동안에는 다른 회사들과 특허사용권 계약을 맺을 수 없다는 점이었다. 다이슨으로서는 억울하기 짝이 없는 노릇이었지만 빨리 합의하는 편이 나았다. 결국 1985년 초 다이슨의 미국 변호사는 암웨이와 합의했다. 특허사용권을 되돌려받는 대신 처음에 받았던 돈을 그대로 돌려주는 조건이었다. 일련의 사태에 학을 뗀 다이슨의 동업자 프라이는 프로토타입의 지분을 청산했다.

절망적인 상황으로부터 다이슨을 구출한 구원의 동아줄은 전혀 기대하지 않았던 곳으로부터 내려왔다. 일본이었다. 다이슨은 미국에서 발행되는 한 디자인 연감에 듀얼 사이클론의 사진을 싣게 했었다. 그걸 보고 에이펙스라는 회사가 연락을 해온 거였다. 이 회사는 기본적으로 가전업체가 아니었다. 스위스제 고급시계나 수제 고급수첩 같은 걸 수입해 파는 회사였다. 다시 말해 사치품 수입상이었다. 그들이 보기에 다이슨의 진공청소기는 상류층에 판매를 시도해볼 만한 사치품이었다. 엔지니어링과 전혀 무관한 에이펙스 사람들은 이유야 무엇이었건 간에 듀얼 사이클론 그 자체를 무척 좋아했다. 놀랍게도 협상을 시작한 지 3주 만에 다이슨과 에이펙스는 계약을 맺었다.

에이펙스는 다이슨과의 작업을 통해 핑크색의 지-포스라는 진공청소기를 1986년 3월 일본 내수시장에 내놓았다. 에이펙스와의 계약은 다이슨에겐 산소호흡기와도 같았다. 암웨이 등과의 소송으로 인해 변호사 비용으로 1년에 최소 4억 원 이상을 쓰고 있었기 때문이었다. 에이펙스는 선수일시금으로 약 1억 원, 그리고 매출의 10%를 특허사용권으로 지불했다. 지-포스의 대당 가격은 200만 원 정도로 비쌌다. 하지만 시장 반응은 충분히 뜨거웠다. 1988년에는 연 1만 대가 넘는 판매액을 올렸다.

미국 시장을 뚫으려는 노력은 그동안에도 계속됐다. 아이오나라는 회사와 계약을 맺으려던 찰나인 1987년 11월에, 암웨이가 불법 카피하여 백화점인 시어스 등에 납품하고 있다는 걸 발견했다. 결국 다이슨은 상당한 배상과 암웨이의 제품에 대해 추가적인 특허사용료를 받는 조건으로 암웨이와 화해했다. 생산을 대행시키려는 시도도 볼배로 때와 비슷한 일을 수차례 이상 겪었다. 다이슨은 1993년 회사를 세워 직접 생산하기로 결정했고, 1994년 대형 가전체인인 커리스와 코멧을 뚫으면서 대히트를 쳤다. 그 이후의 일은 우리가 아는 바대로다.

사실 그게 전부는 아니다. 회사 설립 이후에도 특허 무단도용 등의 일은 계속 벌어졌다. 일렉트로스타는 다이슨의 제안을 거절한 지 몇 년 후 자이클론이라는 제품을 내놓았다. 일렉트로룩스는 듀얼 사이클론이라는 말 대신 듀얼 클리닝 시스템과 사이클론 상자라는 표현을 썼다. 여기에 한술 더 떠 다이슨을 명예훼손으로 고소하기까지 했다. 그러나 재판에 졌다. 후버도 빼놓을 수 없다. 1999년 트리플 보텍스라는 제품을 내놓았는데, 특허 침해였다. 재판에 진 후버는 2001년 다이슨에 64억 원을 물어냈다.

혁신은 단거리 경주가 아니라 마라톤이다

다이슨은 어떠한 면으로 보더라도 혁신가다. 그는 기존의 체제에 끊임없이 의문을 품고 거기에 있는 문제를 남들과 다른 방식으로 해결하려고 해왔다. 청소년기의 다이슨은 어쩌면 그저 사회에 잘 적응하지 못하는 문제아였을 수도 있다. 하지만 혁신가 중 어렸을 때 문제아가 아닌 사람을 찾아보기란 참으로 힘들다. 다이슨은 이에 대해 이렇게 얘기했다.

"부적응자는 태어나거나 길러지는 게 아니에요. 부적응자는 자기 스스로 만드는 겁니다. 고집불통의 한 아이가 있었어요. 이 아이는 늘 남과 다르고자 했고 또 옳고자 했어요. 그 결과 한평생 남과 다르다는 불안감을 떨쳐버리지 못한 채 살아가고 있죠."

이제 다이슨의 경영철학과 디자인철학을 살펴보도록 하자. 자서전에 밝혀놓은 바를 다 나열하기엔 항목수가 너무 많다. 그러니 눈에 좀 더 띄는 것만 얘기해보도록 하자.

우선 다이슨에 입사하는 사람들은 출근 첫날 진공청소기를 직접 조립하는 과정을 거쳐야 한다. 신입사원이든 외부에서 새로 영입한 임원이든 마찬가지다. 영국의 통상부 장관이었던 리처드 니드햄이 1995년 다이슨의 비상임이사가 됐을 때도 예외는 없었다. 직접 손으로 조립해보면서 다이슨이 중시하는 테크놀로지 개발을 직접 느껴보라는 뜻이다. 그리고 이렇게 완성된 진공청소기를 공짜로 주지 않는다. 재료비에 해당하는 돈을 회사에 내야 하는데, 왜냐하면 세상에 공짜는 없다는 걸 알려주기 위해서다.

다이슨은 엔지니어링과 디자인의 총체적 접근이 너무나 중요하다고 생각한다. 사무실 공간도 이에 맞춰 디자인됐다. 사무실 한가운데에는 디자인과 엔지니어링 분야 사람들이 앉아 있는데, 회사 운영의 핵심이 그들이라는 걸 상징적으로 보여주기 위해서다. 하지만 부서 간 칸막이 같은 건 일절 없고 모든 공간은 뻥 뚫려 있다. 회사 공통의 목표를 위해 일한다는 느낌을 받게 하기 위해서다. 그리고 표현의 자유를 억압하지 말라는 의미도 담겨 있다. 나아가 디자이너들이 그림만 그리고 끝나는 게 아니라 직접 제품의 테스트에 참여한다.

다이슨은 직원들이 남들과 다르도록 격려하고 북돋운다. 일종의 반엘리트주의를 실천하고 있는 셈이다. 다이슨의 견해로는, 영재라고 일컬어지는 이들은 대개 늘 과대평가된 사람들인 경우가 많다. 그리고 이런 사람들이 실제로 가치 있는 일을 하는 경우도 드물다고 생각한다. 반관습적이고 자기 자신에 대한 확고한 주관이 있는 사람이 필요하지, 영재가 필요한 게 아니라고 생각하는 것이다. 여기서 중요한 점은 관습에 반기를 드는 일이 결코 쉽지 않다는 것이다.

한 가지 흥미로운 점은 다이슨이 특허 제도에 대해서 굉장히 비판적이라는 점이다. 다이슨은 확보한 특허권을 가지고 사업을 키워왔지만 엔지니어의 창의적 발명을 보호하는 데 모자란 점이 너무나 많다고 느껴왔던 것이다. 심지어 다이슨은 "특허청은 발명가의 돈을 훔쳐가는 자들이다."라는 말을 한 적도 있다. 직접 삶에서 경험한 그의 목소리를 대수롭지 않은 듯 무시하기가 쉽지 않다.

다이슨에게 엔지니어링이란 무엇일까? 세상을 뒤엎어놓을 만한 발명을 하기 위해서는 반드시 공대를 나와야 한다는 생각은 허튼소리라고 그는 일축했다. 그에게 엔지니어링이란 학위가 아니라 문제를 해결하기 위한 정신 상태였다. 동시에 그가 고안하고 있는 물건을 실제로 구현해내겠다는 결심이기도 했다. "이 두 가지를 갖게 되면서, 공대를 나온 적은 없지만 제법 자신에게 엔지니어스러운 모습이 나타났다."라고 다이슨은 말했다. 여기에 필수적인 것은 실험하고 실패하고 또 실험하는 시간들이었다. 다이슨은 실패를 결코 두려워하지 않았고, 그로부터 무언가를 항상 배웠으며, 그를 통해 결국 해결책을 찾았다.

엔지니어링과 디자인이 갖는 가치에 대한 다이슨의 생각을 직접 들어보자.

"엔지니어링과 디자인은 시간이 필요한 과정입니다. 이들은 장기적으로 회사를 되살리고, 더 나아가 국가를 되살리는 원동력이죠. 그렇지만 런던 금융가의 살찐 부자들, 은행들, 마거릿 대처 시대가 만든 괴물들이 당장 이익을 내라고 소리 지르는 동안, 영국의 산업계는 더 좋은 제품을 만드는 대신 그저 많이 파는 데에만 몰두해온 겁니다."

한편 테크놀로지는 개인의 존재 의의를 찾는 데 걸림돌이라는 말을 하는 사람들이 있다. 이들은 생각하는 것이 행동하는 것보다 더 우월하고, 생각 중에서도 순수한 생각이 실용적 생각보다 더 우월하다는 주장을 해왔다. 윤리 교과서에서 대단한 인물인 양 다뤄지는 고대 그리스의 플라톤 같은 인물이 대표적이다. 플라톤은 좀 더 구체적으로, 심지어 하늘을 직접 관측하는 천문가보다 눈을 감고 상상하는 천문가가 더 낫다고 주장하기까지 했다.

다이슨의 삶은 위와 같은 진부한 주장들에 대한 확실한 반증이다. 다이슨은 자신을 결코 초인시하지 않는다. 그는 자신이 완벽하지 않다는 것을 잘 안다. 그의 말을 들어보자.

"나는 한 번도 자신감이나 확신에 가득 찬 채로 행동한 적이 없습니다. 이번에 한 번 성공했다고 해서 다음번에도 또 성공하란 법은 없으니까요. 하지만 시도조차 해보지 않는 것보단 낫지 않나요? 적어도 달리고라도 있어야 길이 보이는 법이니까요."

그의 지향점은 분명하다. 그는 똑똑함을 추구하지 않았다. 똑똑함을 증명하는 좋은 학교 성적이란 나중에 그저 그런 월급쟁이 생활로 연결될 뿐이다. 다이슨은 끈질기고자 했다. 그리고 그 고집과 끈기로 듀얼 사이클론과 에어 멀티플라이어를 만들어냈다. 혁신은 결코 100m 달리기가 아니다. 혁신은 마라톤과 같은 장거리 경주다. 그래서 혁신을 떠들어대는 사람은 많지만 막상 이를 끝까지 완주해내는 사람은 드물다. 엔지니어는 아니었지만 엔지니어의 정신을 갖고 있었던, 과거 영국의 수상 윈스턴 처칠의 말은 다이슨의 삶을 웅변적으로 요약해준다.

"성공이란 열정을 잃지 않고 첫 번째 실패에서 다음번 실패로 계속 나아갈 수 있는 능력이다."

3

꼭 쿨한 회사의
오너가 돼야만 하는 건
아니야

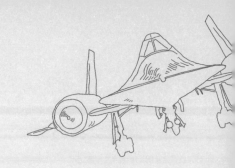

7

극비 특수무기 개발의 본좌,
켈리 존슨과 벤 리치의 스컹크 웍스

Skunk Works

미사일이니 쏴도 빗나가는 게 당연하죠,
맞으면 히타일이죠

1999년 3월 27일, 북대서양 조약기구(NATO)의 전폭기들이 코소보
내전에 개입하여 공습을 개시한 지 4일째였다. 코소보 내전은 알바니아
계 주민의 비율이 80%가 넘는 코소보가 독립을 선언했다가 세르비아로
부터 '인종 청소'라는 보복을 당한 사건을 말한다. 미국 등 유럽연합 회원
국들은 지상군 투입은 부담스러웠기에 공습을 통해 세르비아의 공세를
저지하려 했다.

저녁 8시 15분, 세르비아의 제250방공미사일여단은 레이더에서 한
대의 작은 비행물체를 식별했다. 중령 졸탄 다니가 지휘하는 제250방공
미사일여단의 주 무기는 나토 명칭으로 SA-3 고아라고 불리는 러시아제
지대공 미사일이었다. 실전에 투입된 지 30년이 넘은 SA-3는 분명 구식
미사일이었지만 여전히 위협적이었다. 따라서 미국은 완벽한 제공권 장악
을 위해 세르비아의 방공망을 초기에 색출하여 무력화시키고자 했다. 특
히 HARM이라고 불리는 대(對)레이더 파괴용 공대지 미사일로 무장한 미

군기들은 세르비아군의 레이더를 찾아 공격하기 위해 혈안이 돼 있었다.

다니는 미국의 대레이더 탐지 시스템을 회피하기 위해 무선통신을 쓰지 않고 유선, 심지어는 직접 인편으로 명령을 하달했으며, 지속적으로 포대를 이동시켰다. 또한 나토의 전폭기들이 주로 발진하던 이탈리아 기지 외곽 등에 정보원을 두어 발진 시점과 국경 통과 시점에 대한 정보를 받았다. 이를 통해 레이더 가동 시간을 최소로 줄여 미국의 탐지를 극히 어렵게 만들었다. 그 결과 78일간의 공습 기간 동안 다니는 미국의 HARM에 의해 단 한 대의 레이더도 잃지 않았다. 게다가 다니는 나토의 통신을 엿들어 이 비행물체의 경로를 이미 파악하고 있었다.

다니가 식별한 비행체는 세르비아 수도 벨그라드 근방에 2,000파운드 폭탄을 투하하고 돌아가던 미 공군기였다. 조종사는 아무런 사전 경고 없이 자신을 향해 날아 올라오는 전봇대 같은 2발의 지대공미사일을 발견했다. 첫 번째 미사일은 아주 가까이 스쳐 지나가면서 비행기를 흔들 정도의 난기류를 만들었지만 명중되지는 않았다. 하지만 마하3의 속도로 쇄도해온 두 번째 미사일은 근접신관이 작동하면서 수 미터 이내 거리에서 폭발했다. 비행이 불가능할 정도의 손상을 입은 기체는 추락하기 시작했고, 조종사는 겨우 사출좌석을 작동시킬 수 있었다.

공습 중에 군용기가 대공미사일에 격추되는 것은 그렇게 놀라운 일이 아니다. 하지만 이번의 격추는 상당한 파문을 불러일으켰다. 왜냐하면 격추된 항공기가 '나이트 호크'라는 애칭으로 불리는 미국의 F-117이었기 때문이다. F-117은 스텔스 테크놀로지가 채용된 이른바 스텔스기였다. 즉 레이더 상에 나타나지 않는 비행기였던 것이다. 코소보에서 격추된 F-117만 해도 이라크를 상대로 한 작전 '사막의 폭풍'에서 39회의 출격을 기록했던 베테랑이었다. 그런 비행기를 용케도 지대공미사일로 격추시켰

스텔스 기능이 채용된 F-117. 개발 초기 '희망이 없는 다이아몬드'라는 별명으로 불렸다.

으니 다니가 지휘했던 방공여단의 실력이 대단했던 것이다. 하지만 F-117의 피격은 한 번으로 끝났고, 이후에도 F-117은 레이더에 잡히지 않은 채로 세르비아의 영공을 누볐다.

F-117의 개발 초기 별명은 '희망이 없는 다이아몬드'였다. 생긴 게 마치 다이아몬드를 깎아놓은 것 같은 마름모꼴이라 "이게 날겠냐?" 하는 의혹 때문에 붙은 이름이었다. 그리고 개발을 시작한 건 미국의 군부가 아니었다. 미국의 한 민간 회사의 별동대가 군부의 요청이 있기도 전에 스스로 개발을 개시했던 거였다. 나중에 미 국방부가 이 항공기를 구매하지 않는다면 개발에 소요된 비용은 그대로 날리는 셈이었다. 그런 리스크를 개의치 않고 개발을 추진할 정도로 남다른 면이 있는 별동대였다.

F-117 개발은 1975년 7월에 시작됐다. 그간의 군사 테크놀로지 발전으로 인해 새로운 개념의 군용기 출현이 절실한 때였다. 당시 미국의 군용기 중 가장 높이 날 수 있는 것은 유명한 비밀정찰기 SR-71이었다. 하지만 소련의 신예 대공미사일 SA-5는 37km의 고도까지 요격할 수 있었고 핵탄두도 장착이 가능했다. SR-71의 최대작전 고도가 27km임을 감안하면 이조차 피격되지 말란 법이 없었다. 게다가 무적인 것 같았던 이스라엘 공군은 2년 전인 1973년 제4차 중동전에서 혹독한 희생을 치렀다. 고작 18일 만에 109대의 비행기를 잃었던 것이다. 미국제인 이스라엘 전투기들은 미 공군의 교본대로 회피기동을 하다가 소련제 미사일에 줄

줄이 격추됐다. 뭔가 특단의 대책이 필요했다.

스텔스 테크놀로지의 시작은 당시 37세의 레이더 전문가 데니스 오버홀저였다. 그는 1975년 4월, 9년 전에 발표된 소련의 한 논문에서 중요한 사실을 발견했다. 수학 공식으로 범벅이 된 논문의 주된 결론은 파동이 임의의 기하학적 형상을 만날 때 발생하는 회절 물리량을 계산할 수 있다는 거였다. 좀 더 평범한 용어로 표현해보자면 비행기가 레이더 전자파를 얼마나 반사하는지를 미리 계산해볼 수 있다는 뜻이었다. 이게 가능하다면 형상을 시행착오적으로 바꾸어봄으로써 레이더에 거의 나타나지 않는 비행기를 디자인할 수 있다는 얘기기도 했다.

그렇게 하여 탄생한 비행기가 나이트 호크라는 애칭을 가진 F-117이다. 전자파를 통한 피탐을 원천적으로 차단한다는 의미에서 레이더는 아예 장착도 되지 않았다. 스텔스 성능이 워낙 뛰어나서 처녀비행 때 조종사의 머리가 비행기 자체보다 100배 더 크게 레이더에 잡히는 웃지 못할 일이 벌어지기도 했다. 이 문제는 조종석 유리창의 디자인을 바꿔 해결했다. 비행은 9km 아래로만 행해졌는데 달빛에 기체가 드러나는 걸 막기 위해서였다. 보통의 전폭기라면 당연히 갖춰야 할 기관포나 공대공 무장은 전혀 없었고, 가진 무기라곤 내부 폭탄창에 장착된 2발의 2,000파운드 폭탄이 전부였다. 즉 이는 전투기가 아니라 폭격기였다.

나이트 호크라는 이름도 괜히 생긴 것이 아니다. 워낙 극비의 비행기다 보니 사람들 눈에 들키지 않도록 F-117의 조종사들은 완전히 낮밤을 바꿔 생활해야 했다. 작전 개시는 반드시 일몰 2시간 이후였고 작전 종료는 일출 2시간 전이었다. 그래서 이들은 자신들을 '밤(에 활동하는) 매'라고 불렀고, 이게 나중에 비행기의 공식 애칭이 됐다. 그러다가 1988년 미국이 이의 존재를 공식적으로 인정하면서 나이트 호크 조종사들은 밤 고양이 생활로부터 풀려났다.

　나이트 호크는 단지 레이더 상의 스텔스 성능 외에도 다른 스텔스 성능에도 신경을 쓴 비행기다. 가령 적외선 탐지를 어렵게 만들기 위해 애프터 버너라고 하는, 비행기 속도를 키우는 데 필수적인 장치도 달지 않았다. 그 결과 초음속 비행이 불가능하고 이륙 시에도 여객기만큼의 활주거리가 필요하다. 또한 음향학적 은닉을 위해 엔진과 배기구 소음을 최소화하는 디자인을 갖고 있다. 즉 흡음기와 차음 구조가 엔진계에 채용돼 있다.

　시제기들을 제외하면 1990년까지 총 59대가 양산된 F-117은 초창기에 3개의 비행대대로 구성된 1개 비행단으로 운영됐다. 1개 대대는 영국에 배치되어 유럽과 소련 그리고 중동을, 다른 1개 대대는 우리나라에 배치되어 아시아 전체를 담당했고, 마지막 1개 대대는 미국에 주둔하며 훈련을 수행했다. F-117은 걸프전 때 상당한 전과를 올렸던 바, 1,271회의 미션은 연합군 전체 출격의 1%에 불과했지만 전체 목표물 피해의 40%를 일으킬 정도였고, 직접명중률은 75%에 달했다.

　또 F-117은 교량 파괴에서도 남다른 면모를 과시했다. 사실 교량은 비행기 입장에서 가장 파괴하기 어려운 목표물로 정평이 나 있다. 교량이나 건물이 폭삭 무너지려면 하중이 몰려 있는 특정 위치에서 정밀하면서도 적절한 크기의 폭발이 이뤄져야 한다. 다시 말해 무조건 큰 폭탄을 쓴다고 부서지는 게 아니다. 가령 월남전 때 탄호아 철교를 파괴하기 위해 장장 7년간 수천 회에 걸친 출격을 했을 정도다. 그에 반해 F-117은 티그리스-유프라테스 강에 있는 43개 교량 중 39개를 간단히 무너뜨렸다.

　F-117 나이트 호크는 2008년 4월 22일 현역에서 물러났다. 퇴역 시점까지 고장 등으로 6대를 잃었지만, 코소보에서 격추된 1대 외에 피격된 사례는 전무할 정도로 나이트 호크의 스텔스 테크놀로지는 뛰어났다.

F-117을 만든 별동대에는 두 명의 대장이 있었다. 한 명은 무수히 많은 비행기를 직접 디자인한 항공업계의 전설적 인물로서, 자신의 분신과도 같은 별동대의 엔지니어들을 한 명씩 직접 골라 뽑은 장본인이었다. 하지만 세월의 무게를 이기지 못하고 1975년 1월에 공식적으로 은퇴한 상태였다. 다른 한 명은 첫 번째 인물이 은퇴하면서 직접 자신의 후계자로 지명한 명민한 엔지니어였다. 하지만 대내외적으로 후임자의 입지는 미약했다. 전임자의 그림자가 너무나 크고 깊은 탓이었다.

전설적인 전임자는 스텔스기라는 아이디어를 좋아하지 않았다. 왜냐하면 그는 유인비행기의 시대는 끝났고 무인기 혹은 미사일의 시대가 이미 왔다고 생각했기 때문이다. 반면 후임자는 스텔스기의 성공에 자신의 경력을 걸었다. 이때 아버지뻘인 전설적 전임자에게 했다는 말이 전설처럼 전해진다.

"켈리, 미사일만으로 모든 걸 해결할 순 없어요. 왜 미사일이 미사일인지 아세요? 빗나가니까(miss) 미사일(miss-ile)인 거예요. 그렇지 않고 쏠 때마다 맞았다면 미사일이라고 안 부르고 히타일(hit-ile)이라고 불렀겠죠."

공식 명칭은 록히드 어드밴스드 디벨롭먼트, 이름하여 스컹크 웍스

F-117을 개발한 회사는 록히드다. 알란 로그헤드와 말콤 로그헤드 형제가 1912년 샌프란시스코에서 설립한 회사가 모체인 록히드는 초기엔 창업자의 성을 딴 '로그헤드'로 불렸다. 그러다 1926년 알란 로그헤드가

나중에 노스롭 사를 만든 잭 노스롭과 함께 영어 철자를 바꿔 '록히드'라는 이름으로 재설립했다. 1929년의 미국 대공황 때 불황을 견디지 못하고 부도가 난 록히드를 로버트 그로스와 코틀랜드 그로스 형제가 1932년에 당시 돈 4,000만 원, 2011년 가치로 고작 6억 6,000만 원의 돈으로 인수했고, 이때부터 록히드의 이름은 첨단 항공기의 대명사로 각인됐다.

록히드 전성기의 모든 첨단 항공기들은 한 사람의 손을 거쳤다. 앞에서 얘기한 항공기업계의 전설, 클라렌스 '켈리' 존슨이다. 1932년 록히드는 치프 엔지니어 홀 히바드의 지휘하에 사운을 걸고 엘렉트라라는 쌍발 프로펠러엔진의 상업용 여객기를 개발 중이었다. 당시 미시간 대학교 석사과정이었던 존슨은 엘렉트라의 풍동실험을 직접 수행한 인연으로 1933년 록히드에 입사했다.

입사하자마자 그는 히바드에게 엘렉트라의 비행 안정성 문제를 제기했는데, 처음에는 치기 어린 소리로 치부됐다. 왜냐하면 존슨의 지도교수였던 미시간 대학 교수는 아무 문제가 없다고 얘기했기 때문이다. 하지만 존슨의 거듭되는 주장에 흔들린 히바드는 다시 시험을 수행하도록 했고, 결국 존슨이 옳았다는 것이 밝혀졌다. 존슨은 엘렉트라에 비행안정성을 가져오기 위한 몇 가지 디자인 변경을 제안했고 이는 결국 채용됐다. 이때부터 존슨의 전설이 시작됐다. 히바드는, "존슨은 비행기 주위의 유체 흐름을 머릿속으로 꿰뚫고 있는 것 같다."라는 말로 그의 특출한 능력에 혀를 내둘렀다.

제2차 세계대전의 전운이 감돌던 1938년 록히드는 잭팟을 터뜨렸다. 엘렉트라를 대잠항공기용으로 개조한 디자인을 영국 공군이 전격 받아들여 200대를 초도 주문했기 때문이었다. 나중에 허드슨으로 불린 이 항공기는 '오래된 부메랑'이라는 별명도 생겼는데, 아무리 총탄을 얻어맞아도 어떻게 해서든 기지로 돌아오기 때문이었다. 이를 통해 항공역학적으로 얼마나 안정한 기체였는지를 짐작해볼 수 있다. 또한 쌍발의 커다란 덩치에도 불구하고 예외적으로 뛰어난 운동성으로 이름을 날렸던 바, 제2차 세계대전 때 일본 해군의 최고 에이스였던 사카이 사부로는 자신이 격추한 호주 공군 소속의 엘렉트라를 두고두고 언급할 정도였다.

록히드와 존슨의 또 다른 잭팟은 P-38 라이트닝 전투기였다. 미육군항공대는 2기의 엔진과 시속 590km로 날 수 있는 요격기를 원했는데, 존슨은 시속 645km도 얼마든지 가능하다고 설득하여 1937년에 계약을 맺고 1938년 7월에 제작을 개시했다. 라이트닝은 기존의 비행기 디자인 개념을 뒤집어버린 혁신적인 비행기였다. 즉 정상적인 프로펠러기 두 대를 나란히 붙여놓고 그 가운데에 조종석을 둔 배치를 갖고 있다. 라이트닝은 1943년에 일본제국해군 연합함대 사령장관이었던 야마모토 이소로쿠가 탄 수송기를 격추한 비행기기도 하다.

P-38을 개발할 때부터 존슨과 그의 엔지니어들은 기존과 다른 방식으로 일하는 것으로 유명했다. 록히드 최고경영진과 외부 고객으로부터 독립하여 자신들이 필요하다고 생각한 테크놀로지를 자신들의 방식으로 개발했던 것이다. 한 예로, 미 육군항공대가 라이트닝의 항속거리를 추가로 늘려달라고 요청했을 때, 존슨과 그의 엔지니어들은 이미 그전에 이 문제를 예견하고 개발하여 시험까지 끝내두었던 외부장착 연료탱크 방안을 제시할 정도였다.

1943년 초 미국은 독일이 개발하던 제트전투기 Me 262 슈왈베를 발견하고 대응책 마련에 골머리를 썩었다. 당시 미 육군항공대장이었던 헨리 아놀드의 선택은 당연히 그때까지 미국에서 가장 빠른 비행기를 개발했던 록히드였다. 무조건 가장 빠른 시일 내에 제트전투기를 개발하라는 압력이 록히드에게 주어졌다. 존슨은 대담하게도 180일 이내에 시험기의 디자인과 제작까지 끝내겠다고 록히드의 경영진과 미 육군에 큰소리쳤다. 새로운 비행기를, 그것도 이전에 만든 적이 없던 제트기를 180일 내에 만든다는 것은 상상조차 하기 어려운 일이었다. 그럼에도 불구하고 존슨은 자신이 있었다.

대신 조건이 있었다. 개발 과정에 어느 누구의 간섭도 받지 않겠노라고 선언했다. 록히드의 경영진과 미 육군 모두 존슨의 요구를 받아들일 수밖에 없었다. 존슨은 디자인 엔지니어와 공장 미케닉들이 별도의 보고 체계를 거치지 않도록 하나의 팀으로 섞었다. 엔지니어들이 나무만 보고 숲을 못 보는 구획주의에 빠지지 않도록 하기 위함이었다. 또한 보통은 별개의 부문으로 따로 기능하는 생산 부문도 팀의 일원으로 자신에게 직접 보고하도록 했다. 이에 더해 검사 및 품질 부문이 생산 부문에 종속되지 않도록 이 또한 자신에게 직접 보고토록 했다. 이게 록히드 내에 존재하는 극비 엔지니어링 조직 스컹크 웍스의 공식적인 출발이었다. 공식적인 명칭은 록히드의 '어드밴스드 디벨롭먼트 프로그램스'지만, 별명인 스컹크 웍스로 더 많이 알려져 있다.

1943년 6월 26일에 28명의 엔지니어로 구성된 스컹크 웍스는 놀랍게도 단 143일 만인 1943년 11월 16일, 비행이 가능한 시제기를 미 육군에 전달했다. 전설의 시작이었다. 이는 나중에 F-80 슈팅 스타라는 미국 최초의 제트전투기가 되어 6·25전쟁에도 참가했다.

6·25전쟁이 한창이던 1951년 12월, 존슨은 한국을 방문해 미군 전투기 조종사들을 만났다. 조종사들은 작고 단순하면서도 속도가 빠른 전투기를 개발해달라고 존슨에게 이구동성으로 주문했다. 미국으로 돌아온 존슨은 스컹크 웍스의 엔지니어들과 함께 새로운 전투기 개발을 개시했

다. 물론 미 공군의 요청이 들어오기 전이었다. 이렇게 해서 1953년에 시제기로 만들어진 F-104 스타파이터는 총 2,578대가 양산되어 미국을 포함한 15개국에서 사용됐다. 스타파이터는 수평비행으로 마하 2의 벽을 최초로 돌파한 전투기였다.

1950년대 초에 소련의 핵미사일 능력과 방공망은 미국의 지대한 관심사였다. 미국은 소련 접경이나 심지어는 영공으로 비무장 항공기를 비행시켜 소련의 레이더와 전자전 능력을 알아내고자 했다. 이 과정에서 적어도 100명 이상의 조종사들이 죽거나 사로잡혔고, 나중에 미국의 대통령 아이젠하워는 민항기를 빙자한 군사용 정찰기들을 보호하기 위해 호위 전투기들을 붙이기까지 했다. 이 때문에 실제로 동해 상공에서 소련의 미그기와 미국의 전투기 사이에 치열한 공중전이 수차례 이상 벌어졌다.

당시 미 공군은 소련의 전투기와 레이더, 그리고 미사일이 20km의 고도까지는 닿지 않는다고 믿었다. 그래서 21km의 고도에서 정찰할 수 있는 비행기에 대한 제안서를 3곳의 항공기회사에 보냈다. 록히드는 초대받지 못했지만 소문을 듣고 존슨의 지휘하에 22km에서 날 수 있고 항속거리가 2,500km나 되는 정찰기에 대한 제안서를 제출했다. 하지만 미 공군은 스컹크 웍스의 디자인을 거부하고 다른 회사의 디자인을 추진하기로 결정했다.

이때 그대로 쓰레기통으로 갈 뻔한 스컹크 웍스의 고고도 정찰기를 알아본 한 고객이 나타났다. 그 고객은 미국 대통령 직속의 정보기관 CIA였다. 이 정찰기 또한 스컹크 웍스의 다른 비행기들처럼 인습에 얽매이지 않은 디자인을 갖고 있었다. 즉 날개 길이가 몸체 길이의 정확히 2배였다. 비상식적으로 날개가 긴 탓에 연료를 별로 소모하지 않고도 충분한 양력을 받을 수 있어 고도와 항속거리라는 CIA의 두 가지 결정적 요

고고도 정찰기로 개발된 U-2 드래곤 레이디. 날개 길이가 몸체 길이의 2배다.

구사항이 모두 충족될 수 있었다. 개발 기간도 비상식적으로 짧았는데, 왜냐하면 존슨은 당시 시제기가 이미 완성됐던 F-104의 몸체를 갖다 놓고 날개만 쭉 늘리는 방식으로 이 정찰기를 디자인했기 때문이었다.

1954년 11월 CIA와 계약을 맺은 스컹크 웍스는 225억 원을 받고 1956년 12월까지 총 20대의 비행기를 인도하기로 약속했다. 이렇게 세상에 나온 비행기가 U-2 드래곤 레이디다. 실제로 스컹크 웍스는 약속한 기간 내에 모든 비행기를 인도했는데, 더 놀라운 점은 35억 원이 남아서 CIA에 돌려줬다는 점이다. 즉 1대당 9억 5,000만 원이라는 말도 안 되는 싼 가격에 스컹크 웍스는 U-2를 생산한 거였다.

1960년 5월 베테랑 조종사 게리 파워스가 몰던 U-2가 소련 영공에서 격추됨으로써 소련의 방공망이 고도 20km까지라는 미국의 믿음은 틀렸다는 것이 밝혀졌지만, U-2의 테크놀로지는 실로 놀라운 것이었다. 워낙 높은 고도에서 비행하는 탓에 조종사들은 탑승 전 2시간 전부터 폐에 있는 질소를 빼내는 과정을 거쳐야 했고, 또 워낙 기온이 낮은 탓에 통상의 제트기연료인 케로신이 얼거나 승화되어 별도의 특수 연료를 개발해야 했다. 또한 날개가 워낙 길어서 공탄성 발산이라는 문제도 나타났는데, 이는 날개가 비행 중에 미친 듯이 펄럭거리는 일종의 공진현상이었다. 이외에도 특정 15km의 고도를 지날 때 몸체가 덜덜거리는 현상이라든지, 연료가 저장된 양 날개의 무게 균형을 맞추는 일 등 해결해야 하는 어려움이 한두 가지가 아니었다.

U-2 이후에도 스컹크 웍스는 마하 3 넘게 비행할 수 있는 전략정찰기 SR-71과 앞에서 언급한 스텔스기 F-117을 독자 개발했고, 현용 최강의 전투기로 꼽히는 스텔스기 F-22 랩터를 주계약사로서 보잉과 함께 공동 개발했으며, 말도 많고 탈도 많은 F-35 라이트닝2의 개발을 맡고 있기도 하다. 즉 스컹크 웍스의 전설은 현재도 진행 중이다.

록히드는 1995년 방위산업체 중의 하나인 마틴 마리에타와 합병하여 현재는 록히드 마틴이라고 불리고 있다.

미시시피 강 서쪽의 가장 터프한 보스, 그리고 동쪽으로도 마찬가지

켈리 존슨은 1910년 미국의 미시간에서 태어났다. 스웨덴에서 이민 온 존슨의 부모는 경제적으로 여유가 없어서 존슨은 유년기에 가난한 집 아이라는 놀림을 받아야 했다. 하지만 또래보다 작달막한 몸에도 불구하고 그는 전혀 정신적으로 위축되지 않았고 당당했다.

켈리라는 이름은 부모가 지어준 게 아니고 초등학교 2학년 때 생긴 별명으로서, 이에 얽힌 일화는 존슨의 성격을 잘 보여준다. '클라렌스'라는 이름 대신 '클라라'라는 여자 이름으로 바꿔 불러 존슨을 계속 괴롭혀 온 덩치 큰 부잣집 동급생이 있었다. 어느 날 아침, 동급생이 또 놀리기 시작하자 존슨은 그를 두들겨 패 다리를 부러트렸다. 학교는 나리가 났고 존슨은 교장실에 불려가 자가 부러지도록 얻어맞았다. 하지만 존슨은 울지 않았고 이로 인해 또래의 꼬마들로부터 존경받는 존재가 됐다. 존슨의 친구들은 클라렌스 대신 용맹한 아일랜드 전사의 이름인 켈리로 그를 부르기 시작했다.

어려서부터 항공기 엔지니어가 되길 희망했던 존슨은 커뮤니티 컬리지를 거쳐서 1929년에 앤아버에 있는 미시간 대학에 들어갔다. 1932년 항공공학으로 학부를 마쳤지만 대공황의 와중에 취직할 곳이 마땅치 않았다. 어쩔 수 없이 미시간 대학으로 돌아온 존슨은 1년간 석사과정을 밟았다. 늘 돈에 쪼들렸던 존슨으로서는 1년간의 석사과정 학비가 부담스러웠지만 다행히 장학금을 받을 수 있었다. 그는 엔진의 출력을 높이기 위한 과급과 비행기 형상과 관련된 경계층 제어를 공부한 후 1933년 록히드에 입사했다.

1952년 히바드의 뒤를 이어 록히드의 치프 엔지니어가 된 존슨은 부하 엔지니어들을 주눅 들게 할 만큼 뛰어난 엔지니어였다. 또 그만큼 터프하기도 했다. 어느 정도였냐 하면 록히드 내에서 미시시피 강 서쪽에서 가장 터프한 보스며, 동시에 미시시피 강 동쪽으로도 가장 터프한 보스라는 말이 돌아다닐 정도였다. 즉 세상에서 제일 터프한 보스라는 뜻이었다. 말을 돌려서 할 줄 모르고 직설적으로 내뱉는 성격으로 인해 회사 내부와 미 공군 내에는 존슨의 숭배자가 많은 만큼 적대자도 만만치 않게 많았다.

1956년 U-2가 소련의 레이더에 잡힌다는 사실을 깨달은 CIA는 U-2에 스텔스 성능을 부여하는 방안을 2년간 심각하게 고려했지만 불가능하다는 결론을 내렸다. 존슨과 스컹크 웍스는 스텔스 성능을 가진 새로운 정찰기를 디자인하는 쪽이 낫다는 생각으로 이미 1957년부터 자체 개발에 돌입했다. 언제나 그랬듯이 CIA로부터 요청받기 전에 개발을 시작한 거였다. U-2는 스컹크 웍스 내에서 아주 높이 난다는 의미로 '천사'라는 별명으로 불렸던 바, 새로 개발하는 정찰기는 '대천사(Archangel)'라는 별명을 자연스럽게 얻었다. 그리고 계속 디자인을 바꿔감에 따라 'A-1', 'A-2' 하는 식으로 번호가 올라갔다.

1960년 1월, CIA는 스컹크 웍스와 계약을 맺고 우선 5대의 A-12를 주문했다. 대당 가격은 거의 1,000억 원에 달했다. 존슨은 처음부터 스텔스 성능보다는 고도와 속도에 방점을 찍고 싶어 했다. A-12는 고도 23km에서 마하 3.2의 속도로 날 수 있었고, 원하기만 하면 고도 29km까지 상승할 수도 있었다. 이 정도의 속도와 고도가 결합되면 사실 레이더에 포착돼도 핵무기를 쓰지 않는 한 격추시킬 방법이 묘연했다. 이 고도까지 올라갈 수 있는 전투기가 없는 데다가 A-12의 속도가 미사일과 별로 다르지 않기 때문이었다.

A-12는 티타늄으로 만든 최초의 비행기라는 점도 남다르다. 마하 3의 속도로 비행하면 공기저항으로 인해 기체 표면온도가 섭씨 420도가 넘게 되며, 알루미늄을 포함한 웬만한 재료들은 녹아버린다. 스테인리스강은 녹지 않지만 무게가 너무 나가 채택할 수 없었다. 티타늄은 강도는 스테인리스강에 필적하고 무엇보다 밀도가 반밖에 되지 않았다. 대신 가공하기가 극히 어려워 스컹크 웍스는 정말 고생을 많이 했다. 워낙 경도가 높은 탓에 특별한 공구를 직접 제작해야 했고, 날개의 모서리가 너무나 날카로워 실제로 미케닉들이 손을 벨 정도였다. 또한 작전 온도가 너무 높은 탓에 모든 전자기기와 각종 기계 부품, 심지어 착륙장치의 타이어까지도 특수 제작해야 했다.

1962년 A-12의 시제기가 성공적인 비행을 마치자 뜻뜻미지근하던 미 공군이 갑자기 관심을 보이기 시작했다. CIA가 자신들이 갈 수 없는 고도에서 자신들이 낼 수 없는 속도로 누빌 걸 생각하니 마음이 급해진 것이었다. 전략공군사령관인 커티스 르메이는 6대의 2인승 A-12를 주문했고, 이게 나중에 SR-71 블랙 버드로 알려진 기체가 됐다. SR-71은 복좌인 탓에 A-12보다 약간 더 무겁고 그만큼 최대고도도 조금 낮다.

여담이지만, 블랙 버드의 원래 명칭은 RS-71이었으나 당시의 미국 대통령 린든 존슨이 이를 거꾸로 잘못 읽는 바람에 SR-71이 됐다. 그리고는 RS-71로 표기되어 있던 모든 도면과 자료를 SR-71로 바꾸라고 요구하는 바람에 스컹크 웍스는 이를 다시 만드느라 엄청난 돈을 써야 했다. 물론 이 비용은 나중에 세금으로 충당됐다.

A-12는 1968년 공식적으로 퇴역했고, SR-71은 1990년에 퇴역했다. 특히 SR-71은 24년간의 현역 기간 중 한 번도 격추를 당하거나 조종사를 잃지 않은 완벽한 기록을 남겼다. 사실 테크놀로지 관점으로 보면 이후로도 이들을 능가하는 항공기는 나오지 않았으나, 대당 연간 유지 비용이 2,600억 원에 이를 정도로 워낙 높아 퇴역이 결정됐다. 특히 블랙 버드의 정찰 결과는 미 해군, 국무부, CIA가 모두 공유하는 반면 운용 비용은 자신들만 부담한다는 사실이 늘 꽤씸했던 미 공군은 '그럴 바에야 이 돈으로 다른 무기를 개발하고 말지.' 하는 생각으로 퇴역 결정을 내렸다.

앞에서 잠깐 얘기했던 존슨의 뒤를 이어 스컹크 웍스의 두 번째 대장이 된 이는 1925년생인 벤 리치다. 리치는 1949년에 캘리포니아 버클리 대학에서 기계공학으로 학부를 졸업했고, 곧이어 캘리포니아 로스앤젤레스 대학에서 항공공학으로 석사를 마쳤다. 리치는 1950년 한 패션모델과 결혼했고, 같은 해 어렵게 록히드에 취직됐다. 하지만 록히드는 굉장히 관료화된 모습을 보였고, 이 때문에 리치는 회사를 그만두겠다는 의사 표시까지 했다. 게다가 리치의 장인은 자신이 운영하는 매우 큰 규모의 제빵 비즈니스를 리치가 물려받기를 원했다. 경제적으로는 이편이 틀림없이 훨씬 나았다.

그러나 우연한 기회에 스컹크 웍스의 분위기를 경험한 리치는 다시 비행기를 만들겠다는 결의

미국 전략공군에서 사용된 SR-71 블랙 버드

를 다지게 됐다. 리치를 좋게 평가한 존슨은 1954년 12월 리치를 공식적으로 스컹크 웍스로 이동시켰다. 리치는 비행기 엔진의 흡기와 배기 디자인에 일가견이 있었다. 특히 A-12가 마하 3 이상의 속도를 내는 데 결정적이었던 가변흡기 시스템을 디자인했다. 또한 앞에서 얘기한 바와 같이 F-117의 개발은 전적으로 리치의 공이었다.

리치가 기억하는 존슨의 놀라운 능력에 대한 일화로 다음과 같은 것이 있다. 스컹크 웍스로 옮기기 전 리치는 한 비행기 엔진의 흡기구를 디자인하고 있었는데, 갑자기 시선이 느껴져 얼굴을 들어보니 존슨이 도면을 내려다보고 있었다. 존슨은 무표정한 얼굴로, "이 디자인은 너무 저항이 커 보이는데, 리치. 한 20% 정도 커 보여. 다시 확인해봐."라고 말하고는 가버렸다. 말도 붙이기 어려운 치프 엔지니어로부터 직접 질책을 들은 리치는 하루 종일 땀을 뻘뻘 흘리며 자신의 디자인을 재검토했고, 그 결과 실제로 18%가 크다는 걸 확인했다.

록히드의 선임부사장으로 1975년에 은퇴한 켈리 존슨은 1990년 11월에, 록히드의 부사장으로 1991년에 은퇴한 벤 리치는 1995년 1월에 세상을 떠났다.

프로펠러기의 속도 한계와
F-117의 스텔스 테크놀로지

이번에는 존슨과 리치가 개발한 항공기의 테크놀로지에 관한 이슈 한 가지씩에 대해 좀 더 자세히 알아보도록 하자. 그 이슈란 존슨의 경우는 P-38 라이트닝 개발 시 맞닥뜨리게 됐던 프로펠러 비행기의 속도 한계고, 리치의 경우는 F-117 나이트 호크 개발의 핵심 요소였던 스텔스 성능이다.

시속 600km 이상으로 날 수 있는 비행기를 개발하기 위해 존슨은 우선 프로펠러의 크기를 늘리고 형상을 최적화하는 작업을 수행했다. 하지만 단발의 엔진으로 낼 수 있는 추력에는 한계가 있었다. 자연스럽게 엔진의 수를 두 개로 늘리는 방안이 대안으로 떠올랐다.

엔지니어링의 디자인은 형태가 기능을 따를 때 가장 우아한 결과가 나오곤 한다. 라이트닝의 다소 우스꽝스러운 형태는 철저히 이 원리를 따랐다. 1930년대 말에 쓸 수 있는 엔진 중에서 가장 출력이 높았던 것은 앨리스의 V자형 12기통 수냉식 엔진인 V-1710으로 상용 1,000마력이 가능했다. 이를 택하고 보니 프레스톤의 라디에이터를 써야만 했고, 또 V-1710의 길이가 긴 탓에 제너럴 일렉트릭의 터보슈퍼차저를 쓰지 않을 수 없었다. 그리고 착륙장치를 기체 안으로 집어넣어야 했는데 이미 공간이 다 소모되어 기존 기체로 치면 꼬리날개 위치에나 착륙장치를 달아야 할 처지였다. 그래서 마치 리무진을 만들 듯이 중간을 잘라 1.5m만큼 늘려 그 공간에 착륙장치를 넣도록 했다.

예나 지금이나 조종사들은 단발보다는 쌍발 비행기를 몰고 싶어 한다. 혹시라도 있을 수 있는 엔진 고장 시 단발 비행기는 추락하는 것 외에는 방법이 없으나, 쌍발 비행기는 남은 한쪽의 엔진으로 어떻게든 기지로 귀환을 시도해볼 수 있기 때문이다. 여기에 더해 쌍발 엔진의 채용은 P-38에 생각지 않았던 다른 장점도 가져왔다. 바로 1장의 드론에서 얘기했던 회전반력 얘기다. 비행기의 좌우에 각각 위치한 엔진을 서로 반대방향으로 회전시킴으로써 탠덤 방식의 효과를 얻게 된 것이다. 이로 인해 P-38은 단발의 프로펠러 전투기와는 비교도 할 수 없는 비행 안정성을 갖게 됐다.

하지만 속도에 관해서는 이내 한계에 부딪히고 말았다. 아무리 엔진의 출력을 높이고 프로펠러의 형상 등을 최적화해도 라이트닝의 속도를 어느 이상 빠르게 할 수는 없다는 것을 알게 된 거였다. 좀 더 정확히 말하자면 어느 이상의 속도가 되면 갑자기 비행기의 기수가 푹 꺾이면서 추락하는 조종 불가 상태가 발생했다. 이런 일이 벌어지면 아주 운이 좋지 않은 한 조종사는 목숨을 잃었다.

나중에 압축성 문제라고 이름 붙은 이 문제는 프로펠러기의 비행속도가 마하 0.67에서 0.8 사이에 있을 때 벌어졌다. 수평비행으로 이러한 속도를 내지 못하더라도 높은 고도에서 급강하하면 실제로 이런 속도로 비행하게 될 수 있다. 무수히 많은 디자인 변경과 풍동실험을 통해 존슨은 이 문제에 대한 완벽한 해결 방안은 아니지만 대략 어떻게 피할지는 알게 됐다. 방법은 주날개의 아래쪽에 작은 급강하 플랩을 붙이는 거였다. 플랩이란 항공기의 양력을 증가시키기 위한 장치다.

존슨은 이 해결 방안에 대해 당대 최고의 항공 엔지니어 두 사람의 의견을 구했다. 다음 장에 나올 제트 프로펄션 랩을 설립한 칼텍의 시어도어 폰 카르만과 클라크 밀리칸이었다. 클라크 밀리칸은 칼텍의 초대형 풍동을 직접 세운 사람으로 기름방울 실험으로 유명한 로버트 밀리칸의 큰아들이기도 하다. 그러나 두 사람 모두 "더 나은 해결책을 모르니 알아서 하라."고 이구동성으로 말했다. 존슨의 디자인 변경안은 실제로 P-38에 반영됐다.

제2차 세계대전이 끝난 후 검토해보니, P-38 후기 모델의 엔진 출력은 초기 모델의 1,000마력에서 1,750마력까지 증대됐다. 하지만 비행기 자체의 속도는 고작 시속 24km의 증가가 전부였다. 프로펠러 엔진을 통한 비행기 속도 증가에 근본적인 한계가 있다는 생생한 증명이었다. 실제로 비행기 자체가 어느 속도 이상이 되면 프로펠러를 통한 추력 발생이 천장에 부딪히게 된다. 공기가 압축되면서 발생되는 현상인 것이다. 이를 해결하려면 제트엔진으로 넘어가는 수밖에 없었고, 이후 실제로 비행기의 발전은 그러한 경로를 밟았다.

이번엔 스텔스 테크놀로지에 대해 얘기해보도록 하자. 1974년 다르파는 5개의 항공기회사를 접촉하여 다음과 같은 두 가지 질문을 던졌다. 첫째, 개념적으로 비행기가 레이더에 잡히지 않는 게 가능한가, 둘째, 개념적으로 가능하다면 귀사는 실제로 그러한 비행기를 디자인하고 양산할 능력이 있는가였다. 전차 잡는 공격기인 A-10 선더볼트2의 제작사인 페어차일드와 함재전투기의 대명사 F-14 톰캣의 제작사인 그러먼은 기권했다. F-16 파이팅 팰콘의 제작사인 제네럴 다이나믹스는 레이더 방해책을 잘 쓰면 스텔스 성능은 필요 없다는 엉뚱한 동문서답을 했다. 그나마 성의 있는 대답을 한 2개사는 F-15 이글의 제조사 맥도넬 더글러스와 제공호라는 명칭으로 우리에게 친숙한 F-5의 제작사 노스롭이었다. 다르파는 이 2개 사에 각각 1억 원씩의 돈을 주고 아이디어를 좀 더 구체화할 것을 요구했다.

위의 다섯 회사 중에 록히드가 빠져 있는 것은 지금 보면 좀 의아한 일이다. 공식적인 이유인즉슨, 록히드는 한국전 이래로 전술전투기 개발을 해본 적이 없다는 거였다. 하지만 록히드 입장에서 보면 미치고 펄쩍 뛸 일이었다. CIA의 요구로 A-12에 스텔스 성능을 부여하기 위해 수많은 시행착오를 거치면서 축적된 노하우를 그대로 사장시킬 수는 없는 노릇이었다. 가령 A-12는 그 크기가 F-14의 1.5배 정도임에도 불구하고 레이더 상에는 100분의 1 크기로 나타났는데, 이러한 스텔스 성능의 65%는 형상에서, 35%는 전자파 흡수 물질에서 나왔다.

록히드가 배제된 또 하나의 원인은 워낙 A-12의 개발이 극비였다는 점이었다. 이러한 극비 프로젝트를 보통 '블랙 프로젝트'라고 부르는데, 이 때문에 미 공군조차도 록히드에게 축적된 테크놀로지가 있다는 사실을 잘 몰랐다. 스컹크 웍스는 CIA의 양해를 구한 후 다르파에 A-12와 관련된 일련의 노하우 중 일부를 공개하면서 자신들도 제안서를 제출하겠다는 의향을 표시했다. 하지만 다르파는 절차 위반이라며 거부했다. 결국 다르파로부터 한 푼의 돈도 받지 않은 채 록히드도 비공식 참가하는 것으로 결론이 났다. 한편 맥도넬 더글러스의 디자인이 최소한의 기준도 충족시키지 못함에 따라 탈락하면서, 최종적으로는 노스롭과 록히드의 대결로 압축됐다.

비행기가 레이더 전자파를 얼마나 반사시키는지를 나타내기 위해 통상 레이더 단면적이라는 지수를 사용한다. 레이더 단면적이 클수록 레이더 상에 크게 나타난다. 우핌체프의 논문에 의하면 반사면이 곡면이 아니라 평면인 경우, 에너지 반사량은 평면의 크기와 무관했다. 이 말은 축구장 크기만 한 물체라도 표면이 평면이기만 하다면 새보다도 작게 레이더에 보인다는 얘기였다. 이러한 사실을 바탕으로 스컹크 웍스는 F-117의 표면을 모조리 삼각형 조각으로 나눠 디자인했다. 우핌체프의 논문을 기초로 오버홀저가 개발한 레이더 단면적 계산 프로그램에 의하면, '희망이 없는 다이아몬드'는 직경 3mm의 볼베어링보다도 레이더 단면적이 작았다. 이 결과에 대해서는 리치조차 자신 없어 했다.

하지만 개념 디자인에 대한 시험평가에서 실제로 그렇다는 사실이 밝혀졌다. 노스롭의 디자인은 스컹크 웍스의 디자인을 당해낼 재간이 없었다. 미 공군의 시험에서는 비행기는 안 잡히고 비행기 모형을 꽂아둔 막대기만 레이더에 잡히는 바람에 특수 막대기를 다시 디자인해야 하는 해프닝까지 벌어졌다. 워낙 록히드 디자인의 레이더 단면적이 작은 탓이었다. 결국 록히드가 최종개발자로 선정됐다.

대신 치러야 하는 값이 있었다. 일반적인 비행기의 날개는 양력을 충분히 발생시키기 위해 적절한 곡면 단면을 가진다. 하지만 레이더에 잡히지 않도록 하려다보니 F-117의 모든 단면은 직선의 모서리를 갖는 다각형이 돼버렸다. 이런 단면으로는 만족스러운 양력을 얻기 어렵고 또 항공역학적으로 굉장히 불안정한 특성을 피할 수 없다. 실제로 20%에 달하는 공기역학적 손실을 감수한 탓에 F-117의 항속거리는 2,000km가 되지 않을 정도로 상당히 짧다.

이러한 문제를 극복하기 위해 F-117에는 내장된 컴퓨터가 매초 수천 번씩 플랩과 방향타 등을 미세하게 조정하여 비행 상태를 유지하는 테크놀로지가 채용됐다. F-16에 채용된 플라이-바이-와이어라는 테크놀로지와 거의 동일한 것이다. 그럼에도 불구하고 F-117의 비행 성능은 한마디로 낙제점이다. 한 항공역학 전문가는 F-117을 날리느니 차라리 접시 모양의 UFO를 날리는 게 낫겠다고 투덜댄 적도 있다. 그만큼 F-117은 제대로 날 수 있는 물건이 아니다.

그런데 흥미로운 사실은 비행접시 형상이 극단적인 스텔스 성능을 갖고 있다는 점이다. 즉 곡면이더라도 형상 디자인이 잘 이뤄지면 평면 못지않은 스텔스 성능을 가질 수 있다. F-117을 개발하던 1970년대만 해도 컴퓨터의 능력이 지금과 같지 않아서 곡면 단면의 레이더 단면적을 계산할 방법이 없었고, 그래서 오버홀저는 F-117의 표면을 평면으로만 구성했던 거였다. 지금은 곡면도 문제없이 계산할 수 있기에 요즘 나오는 스텔스기들의 표면은 실제로 곡면으로 구성돼 있다.

스컹크 웍스는 형상과 전자파 흡수 물질이라는 스텔스 테크놀로지의 두 축이 비단 전자파에만 해당되는 게 아니라 음파에도 적용 가능하다는 사실을 우연한 기회에 발견했다. 어쨌건 간에 둘 다 파동임을 생각하면 납득할 수 있는 내용이었다. 이를 바탕으로 스컹크 웍스는 스텔스함과 스텔스 잠수함의 시제품을 만들어 미 해군에 보여주었다. 음향탐지기에 잡히는 음향신호가 무려 1,000분의 1로 주는 아이디어였다. 하지만 돌아온 대답은 "우리는 잠수함을 그런 식의 평면으로 만들지 않는다."였다. 그런 형상이 되면 최고속도가 수 노트 이상 느려질 거라는 게 이유였다. 리치는 "하지만 음파탐지기에 잡히지 않는 장점이 생기는데 수 노트를 잃는 게 무슨 대수냐?"고 반문했지만 요지부동이었다. 그래서 이 아이디어는 폐기됐다.

한편 비행기의 스텔스 성능에 대한 과도한 맹신은 옳지 않다는 걸 지적하도록 하자. 특히 세 가지 사항을 지적하고 싶은데, 첫째, 스텔스 성능의 핵심은 전자파 흡수 재료보다는 비행기의 형상에 있고, 둘째, 레이더에 잡히지 않더라도 적외선 등의 방식으로 탐지가 가능할 수 있으며, 셋째, 특정 주파수대의 레이더에 탐지되지 않는 스텔스 성능이 있어도 다른 주파수대의 레이더를 통해 탐지가 가능하다는 점이다.

특히 세 번째 사항이 중요하다. 통상적인 레이더는 이른바 X밴드 레이더로서, X밴드는 8에서 12기가Hz 사이의 전자파를 말한다. 1기가Hz는 1초간 10억 회의 진동에 해당한다. 반면 레이더에는 X밴드보다 주파수가 낮은 전자파를 쓰는 레이더도 얼마든지 있다. 가령 L밴드 레이더는 1에서 2기가Hz의 전자파를 사용하며, 그보다도 낮은 700메가Hz대의 UHF 전자파나 200메가Hz대의 VHF 전자파를 이용할 수도 있다.

파동의 주파수와 파장 사이에는 일대일의 관계가 존재한다. 전자파의 경우, 빛의 속도인 30만km를 주파수로 나누면 파장을 얻을 수 있다. 가령 X밴드에 해당하는 10기가Hz 전자파의 파장은 3cm다. 반면 L밴드에 해당하는 1기가Hz의 전자파는 30cm의 파장을 가지며, 500메가헤르츠 정도의 UHF 전자파라면 0.6m에 이른다.

파동의 반복되는 길이를 나타내는 파장은 파동의 반사와 회절, 그리고 투과흡수에 굉장히 중요한 변수다. 간략히 정리하자면, 주파수가 클수록, 즉 파장이 짧을수록 스텔스 성능을 발휘하기 좋다. 주파수가 클수록 흡수하기 쉽고, 또한 파장이 짧을수록 다시 튕겨나가는 에너지를 줄일 가능성이 생기기 때문이다.

가령 수동적인 방식으로 파동의 반사를 없애려면 파장의 4분의 1에 해당하는 길이의 물리적 실체를 가질 필요가 있다. X밴드 전자파라면 전자파 흡수물질이 코팅된 8mm 정도 두께의 구조로 반사를 거의 없앨 수 있다. 하지만 L밴드 전자파에 필요한 약 8cm 두께의 뭔가를 비행기 표면에 만든다는 건 현실적으로 불가능에 가깝다. 전자파의 파장이 길어질수록 기만하기가 어렵기에 스텔스 테크놀로지와 스텔스 대응 테크놀로지 사이에 완전한 승자란 있을 수 없다.

사실 F-117을 포함하여 현용 모든 스텔스기들은 사실상 X밴드 레이더만을 염두에 두고 만든 스텔스기다. 바꿔 말하자면 L밴드나 그보다 주파수가 낮은 전자파를 쏘는 레이더에 대해서는 그렇게 스텔스 성능을 갖고 있지 못하다는 얘기다. 내가 스텔스기를 갖고 있다는 것을 적이 모른다면 보통의 X밴드 레이더를 기만할 여지가 충분하다. 하지만 나의 스텔스기 보유를 적이 안다면 얘기는 달라진다. 적도 바보가 아닌 이상 여러 주파수대의 레이더를 구성할 것이기에 스텔스 성능을 위해 항공기로서의 기본적인 성능이 대폭 희생된 스텔스기는 생각 외로 큰 도움이 안 될 수 있다.

호랑이 입속 신세의 방위산업과
오욕과 뚝심의 록히드

비즈니스를 하는 사람들이 꿈꾸는 일이 있다. 바로 시장을 독점하는 일이다. 왠지 독점 그러면 부정적인 느낌이 들어 사람들은 드러내놓고 이런 얘기를 하려고 하지 않는다. 경제학 교과서에도 독점은 비효율적이며 완전경쟁이 효율적이고 바람직하다고 나온다. 이러한 서술은 절대로 사업가 관점의 것이 아니다. 소비자 관점을 취했을 때 그렇다는 얘기다. 시장을 독점한 기업은 자신이 원하는 만큼의 이익을 취할 수 있다. 자신을 대체할 경쟁자가 없기 때문이다. 그에 반해 완전경쟁시장에서 기업의 경제적 이익은 제로다. 완전경쟁시장은 소비자에겐 천국일지 몰라도 사업가에겐 전쟁터, 아니 지옥이다.

물론 독점이라고 해서 다 같은 독점은 아니다. 요새 미국에서 무슨 가문입네 하는 곳들은 다 19세기 후반에 경쟁사들을 부당한 방법으로 인수합병하여 독점을 이룬 사업가, 즉 이른바 '강도 귀족'의 후손이다. 이런 식의 독점은 1890년 미국에서 셔먼 트러스트금지법이 제정된 이후 드물어졌다. 이와 달리 다른 어느 누구도 제공할 수 없는 제품과 서비스를 내놓아 아예 새로운 시장 자체를 개척함으로써 생기는 독점도 있을 수 있다. 최근의 IT 공룡들이 여기에 해당한다. 이를 보면 단지 결과적 독점이 발생했다는 이유만으로 부당하다고 비난할 수는 없다는 걸 알게 된다. 이것마저 금지시킨다면 세상에서 혁신은 사라지고 기존 계급만 공고하게 남는 죽은 사회가 될 것이다.

방위산업은 통상 독점이나 혹은 소수의 회사가 시장을 나눠 갖는 과점의 형태를 갖는다. 이것만으로도 방위산업체는 땅 짚고 헤엄치는 식으로 비즈니스를 하는 것처럼 생각하기 쉽다. 게다가 군산복합체라는 말로 요약되는 군대와 방위산업체 사이의 특수한 유착 관계를 떠올리면 더더욱 그렇다. 이 말은 제2차 세계대전의 영웅인 드와이트 아이젠하워가 1961년에 미국의 대통령직을 물러나면서 한 연설에 나온다. 사실 아이젠하워는 퇴임식 직전까지만 해도 '군-산-의회 복합체'라는 말을 하려고 했지만 마지막 순간에 마음을 바꿨다.

사실 적지 않은 방산 프로젝트는 '원가 플러스 알파'의 형태로 이뤄진다. 방산업체가 신무기를 개발하느라 쓴 비용을 다 받고 거기에 더해 일정한 비율의 '알파'를 이익으로 받는 방식이다. 이런 식으로 계약을 맺는 이유는 신무기를 개발하는 데 얼마의 돈이 들지 미리 알 수 없기 때문이다. 다음 장에 나올 나사의 우주 로켓과 우주선 개발도 같은 이유로 동일한 방식을 쓴다.

이런 방식으로 개발이 이뤄지면 사실 방위산업체로서는 손해 볼 일은 없다. 얼마가 들든 간에 다 보전을 받으니 말이다. 오히려 비용이 많이 발생할수록 이익 금액이 커지는 불편한 진실마저 존재한다. 이런 경우 방위산업체가 알아서 비용절감을 위한 노력을 하리라고 기대하는 것은 순

진한 일이다. 다른 방식의 계약을 맺지 않는 한 근본적인 해결은 어렵다.

다른 방식의 계약이 없지는 않다. 대표적으로 고정금액 계약을 생각해볼 수 있다. 방위산업체 입장에서 받는 돈이 정해져 있다면 이익을 남기기 위해서 불필요한 낭비를 하지는 않을 거라는 장점이 고정금액 방식에 있다. 하지만 이도 완벽하지만은 않다. 첫째로, 방위산업체의 선의에도 불구하고 실제로 개발비용이 당초 계약한 금액을 넘을 수 있다. 이런 경우 방위산업체는 손실을 감내해야 하며 심하면 도산할 수도 있다. 둘째로, 이익을 부풀리기 위해 싸구려 부품 등을 사용하여 성능을 희생시키지 말란 법이 없다. 이래저래 쉽지 않은 문제다.

무기 개발비용이 거의 예외 없이 당초 계획보다 더 많이 드는 것이 비단 방위산업체의 몰염치와 비효율 때문만은 아니다. 틀림없이 군대도 이에 일조한다. 가령 제너럴 일렉트릭의 똑같은 제트엔진이 민간에 판매될 때와 미 공군에 판매될 때의 가격이 서로 다르다. 군납용이 이를테면 20%가량 더 비싼데, 뇌물이나 리베이트 때문이라기보다는 미 공군이 품질을 확인하기 위해 300명 이상의 검사 인력을 추가로 엔진 공장에 집어넣기 때문이다.

종합적으로 보면, 방위산업체는 사실 쉽지 않은 비즈니스를 하고 있다. 무기 가격이 워낙 높다 보니 굉장히 큰돈을 버는 것처럼 보이지만, 수주가 끊이지 않고 꾸준하게 계속되기가 생각보다 쉽지 않다. 그리고 워낙 대규모 자본 투자가 필요한 장치산업이기 때문에 수주가 끊기면 그대로 파산할 수밖에 없다. 한때 잘나가다가도 한 번 삐끗해서 사라진 방위산업체의 리스트는 지금도 늘어나기만 할 뿐이다.

그리고 일반적인 관념과는 달리 미국의 군대는 그렇게 쉽게 방위산업체들에 의해 놀아나지 않는다. 너무 한 업체가 잘나간다 싶으면 어떻게 해서든지 경쟁업체를 만들어놓으려고 한다. 그래야 군대가 주도권을 좀 더 확실히 쥘 수 있기 때문이다. 가령 스텔스기만 해도 F-117이 록히드에게 돌아가자 미 공군은 다음 스텔스 폭격기인 B-2는 보란 듯이 노스롭에게 주었다. 원래 F-117이 개발될 때 미 전략공군사령부는 전략폭격기 B-1을 열심히 밀고 있었는데, F-117 개발이 결정되면서 양쪽 모두 개발할 돈이 없다 하여 B-1이 취소된 적이 있었다. 이로 인해 록히드를 싫어하는 사람들이 미 공군 내에 많이 생겨버렸다. 분명한 건 돈을 쥐고 있는 쪽은 군대라는 점이다.

그러니까 방위산업체들은 거의 독점적인 지위를 누리긴 하지만 손님도 하나라는 심각한 문제에 처해 있다. 그리고 그 손님은 막강하기 그지없는 정부다. 다시 말해 일종의 규제산업인 것이다. 아무리 독점이라 할지라도 규제산업의 사업성은 그다지 매력적이지 못하다. 일례로 항공운송산업을 생각해보자.

나라마다 항공사는 1개 아니면 2개가 전부지만, 이들 모두는 보잘것없는 수익성으로 비틀거린다. 그렇다고 규제산업에 시장자유주의적 논리를 적용하는 것 또한 무리한 일이다. 규제산업이 규제산업인 이유는 규제를 받아야 하는 결정적인 이유와 필요성이 있기 때문이다.

록히드는 바로 그러한 방위산업 분야에서 지금껏 망하지 않고 버텨왔다. 록히드에는 방산 부문 외에 민수 부분도 있기는 하다. 방산 부문에만 의존하다가는 회사의 존속이 위태로워질 수 있다고 판단하여 민수 부문을 계속 시도해왔다. 한 예가 1960년대 말 개발한 민간용 여객기 L-1011 트라이스타다. 당시 맥도넬 더글러스의 DC-10과 경쟁하기 위해 만든 트라이스타는 양 날개에 각각 1기의 엔진이, 그리고 수직꼬리날개와 일체형으로 디자인된 1기의 엔진까지 도합 3기의 엔진을 갖는 고성능의 여객기였다.

DC-10이 미국제 엔진을 쓴 반면 트라이스타는 영국제 롤스로이스의 엔진을 채용했는데 이는 유럽 판매에 유리하지 않을까 하는 생각에서였다. 그러나 갑자기 롤스로이스가 파산을 선언하면서 트라이스타는 기체는 있지만 엔진이 없는 이상한 비행기가 돼버렸고, 곧이어 록히드는 부도 직전까지 몰렸다. 미 의회의 2,500억 원 긴급대출 보증 승인에도 불구하고 손실이 2조 원이 넘어가면서 1974년 텍스트론이라는 회사에 단돈 850억 원에 인수되기도 했다. 그럼에도 불구하고 회사에 축적돼 있는 고도의 테크놀로지와 경험 많고 실력 있는 엔지니어들, 그리고 회사의 명성으로 인해 주주는 바뀔지언정 회사 자체는 연속성을 유지해왔다.

록히드라는 이름 자체가 없어질 뻔한 적도 한 번 있었다. 바로 저 유명한 '록히드 뇌물 스캔들 사건'이다. 1976년 2월 4일에 공개된 미 상원 다국적기업 소위원회의 146쪽짜리 보고서에 의하면, 1960년대부터 록히드의 최고경영진이 10년 넘게 네덜란드의 줄리아나 여왕의 남편과 일본과 서독의 정치인들, 이탈리아의 공무원들과 장군들, 그리고 홍콩과 사우디아라비아의 유력인사 등 총 12개국에 뇌물을 바쳐왔다는 것이 밝혀진 것이다. 존슨은 이와 무관했는데, 다른 최고경영진의 이러한 행위를 나중에 알고는 완전히 진절머리를 냈다. 그러곤 얼마 안 가 은퇴했다.

특히 파장이 컸던 건 일본이었다. 무엇보다도 액수가 컸다. 154억 원에 달하는 어마어마한 뇌물금액 중 81%가 일본에 뿌려졌다. F-104와 트라이스타를 잘 봐주겠다는 명목으로 20억 원을 수수한 전 총리대신 다나카 가쿠에이는 1976년 7월 도쿄지검 특수부에 의해 구속됐고, 이는 일본에서 전·현직을 막론하고 총리가 구속된 최초의 사례였다. 다나카의 운전기사는 조사를 받던 중 "주군을 보호한다."라며 자살해버리기도 했다. 당시 "성역은 없다. 나라가 망할지라도 정의를 세운다."라는 모토를 내걸고 수사한 도쿄지검 특수부는 이후 일본 드라마의 단골 소재로 다뤄질 만큼 전 국민적 영웅이 됐다. 살아 있는 권력의 거악과 비리를 단죄함으로써 일본 국민들의 열광적인 지지를 얻었던 것이다.

황당해 보이는 실패는
엔지니어링 혁신의 밑거름이다

스컹크 웍스의 존재는 더 이상 비밀이 아니다. 방위산업 분야나 엔지니어링 분야에 있는 사람들이라면 록히드에 스컹크 웍스라는 별동대가 있다는 사실을 잘 안다. 하지만 이들이 현재 개발하고 있는 테크놀로지나 무기는 극비 중의 극비다. 설혹 내가 안다고 하더라도 이 책에 쓸 수는 없다.

그러나 실망할 필요는 없다. 우리의 관심사는 스컹크 웍스가 현재 무슨 일을 하는가가 아니라 어떻게 하는가다. 그동안 스컹크 웍스가 이룬 것을 생각해보면 놀랍기 그지없다. 어떻게 이런 일이 가능했을까 싶을 정도다. 하지만 다행스럽게도 이러한 성과를 내기 위한 방법은 전혀 극비가 아니다. 즉 스컹크 웍스가 어떻게 일하는가는 완벽하게 공개돼 있다.

스컹크 웍스에는 14개로 구성된 운영 규칙이 있다. 존슨이 자신의 생각대로 만든 규칙이다. 그런데 이를 모두 나열하기엔 조금 지루하다. 그래서 그중 핵심적인 것만 몇 개를 언급해보자.

스컹크 웍스는 형식적인 보고서를 혐오한다. 그래서 보고서를 줄이고 보고서 작성은 최소로 한다. 하지만 정말로 중요한 사항이라면 철저하게 기록한다. 그리고 쓸데없이 많은 사람들을 동원하는 것보다는 몇몇 우수한 사람들로 긴밀한 팀을 구성한다. 이쪽이 훨씬 효과적이기 때문이다. 또한 소수 정예로 팀을 꾸렸기에 실력과 성과에 따라 보상이 이뤄지는 것이 극히 중요하며, 경력이나 직급 혹은 휘하 직원 수에 비례하여 보상이 이뤄져서는 안 된다. 야근과 주말 근무도 피한다. 두뇌의 힘으로 할 수 없는 일은 사람 수와 근무시간을 늘린다고 해결되지 않기 때문이다. 그리고 비행기를 디자인한 사람이 직접 시험비행도 수행한다. 그래야 책임감을 갖고 일하게 된다.

14개 운영 규칙 가운데 존슨 스스로도 첫 번째로 꼽은 규칙이 가장 결정적이다. 바로 스컹크 웍스의 책임자는 독자적으로 결정하고 책임질 수 있을 정도로 모든 실무 영역의 권한을 위임받아야 한다는 사실이다. 여기서 모든 실무 영역이란 단지 엔지니어링이나 테크놀로지 이슈뿐만 아니라 재무, 구매, 품질, 생산 등을 모두 아우르는 말이다. 다시 말하자면 책임자는 어떤 분야든지 결정할 수 있는 실력을 갖춰야 하며, 위임받은 전권으로 즉각적인 결정을 내릴 수 있어야 하고, 형식에 얽매이지 말고 구체적인 효과를 추구해야 한다는 것이다.

스컹크 웍스 방식의 한 가지 예를 들어보자. A-12 개발 때의 초기 시험기였던 '해브 블루'가 처녀시험비행을 하기 72시간 전, 심각한 문제가 발생했다. 엔진 시험 가동 중 꼬리날개 쪽의 기체가 너무 과열되는 현상이 벌어졌던 것이다. 엔지니어들은 엔진을 우선 분리하고 엔진룸과 기체 사이에 일종의 열방패를 붙이기로 그 자리에서 결정했다. 보통의 회사라면 이런 식의 디자인 변경은 각종 위원회와 회의를 거쳐야 하거나, 하다 못해 여러 단계의 임원 보고 및 승인을 받느라 제때 대응하지 못하는 것이 일반적이다.

설혹 현장 엔지니어들에게 디자인 변경에 대한 모든 권한이 주어져 있다고 하더라도 일반적인 회사에서라면 당장 진척되지는 못했을 것이다. 열방패로 쓸 수 있는 재료에 대해 견적을 받고 가격을 협상하고 발주를 내는 작업은 보통 구매부서의 일이다. 구매만 담당하는 구매부서 사람들이 사안의 긴급성을 현장 엔지니어들만큼 느끼기는 어렵다. 이런 과정들을 거치다보면 개발기간이 계획보다 늘어지는 것은 당연하다.

스컹크 웍스의 엔지니어들은 그런 일이 벌어지두록 손 놓고 기다리지 않았다. 즉흥적으로 열방패를 붙이기로 결정한 엔지니어들이 주위를 둘러보자 한 가지 물체가 눈에 들어왔다. 1.8m 높이의 철제 캐비닛이었다. "쇠는 쇠일 뿐이지. 내일 벤 리치한테 새로 산 캐비닛 영수증을 보내 주자."라고 말하며, 그들은 즉시 캐비닛 절단 작업에 들어갔다. 그렇게 철제 캐비닛에서 나온 철판으로 열방패를 만들었고, 이는 완벽하게 작동했다. 처녀시험비행은 예정 시간에 수행됐다.

여기까지 얘기를 들어보면 스컹크 웍스의 방식이란 게 그렇게 별다른 것이 아니다. 어찌 보면 너무나 당연한 얘기일 수도 있다. 그런데 그 당연한 걸 실천에 옮기는 게 어렵다. 다른 회사들도 스컹크 웍스에 대한 소문을 듣고 이를 따라했다. 가령 자동차회사인 포드는 스컹크 웍스 방식으로 꾸린 팀 무스탕을 만들었다. 록히드의 직접적인 경쟁사인 맥도넬 더글러스는 좀 더 노골적이다. 새로 만든 조직을 팬텀 웍스라 이름 지었다. 실제로 이들이 만든 F-4 팬텀은 걸작 전투기로 명성을 날렸다.

하지만 문제는 거의 대부분의 회사에서 스컹크 웍스 같은 조직이 오래 지속되지 않는다는 점이다. 기존 조직에 속한 사람들은 스컹크 웍스를 없애지 못해 안달이다. 결과나 성과보다는 기존 위계상의 자신들 지위를 지키는 데 더 관심을 갖기 때문이다. 조직 내 다수의 사람들은 스컹크 웍스의 성공을 위협으로 느낀다. 회사 내에서 민주적 원리가 작동하면 스컹크 웍스는 반드시 사라진다. 결과적으로 스컹크 웍스가 누렸던 실제적 자율을 오랜 기간 동안 허용해주는 회사는 극히 드물다.

스컹크 웍스를 두고 회사 내부의 적대자들이 즐겨하는 말이 있다. 스컹크 웍스는 성과 없이 자원만 낭비하는 비효율적 조직이라는 거다. 그리고 스컹크 웍스가 실패한 프로젝트들을 줄줄이 꿴다. 실제로 스컹크 웍스형 조직이라고 해서 모든 프로젝트에 성공하는 것은 아니다.

존슨이 이끌던 원조 스컹크 웍스도 실패한 프로젝트가 물론 있다. 1960년대에 개발했던 AH-56 샤이엔 공격헬리콥터나 1940년대 말에 개발한 소형여객기 새턴 같은 것들이 대표적이다. 이보다 더 황당하게 실패한 프로젝트도 있다. 1950년대에 개발한 XFV라는 비행기인데, 항공모함 갑판에서 로켓처럼 수직으로 이륙하려고 했다. 하지만 이런 황당해 보이는 실패를 겪지 않고서는 엔지니어링의 혁신은 이루어질 수 없다. 그리고 실패한 적이 없다는 걸 내세우는 사람들은 예외 없이 안전한 길로만 다닌 별 볼 일 없는 사람들이기 쉽다.

존슨이 현역 시절에 즐겨하던 한 가지 내기를 소개하면서 이 장을 마칠까 한다. 이름하여 '25센트 내기'다. 어떤 테크놀로지 문제가 있을 때 존슨은 부하 엔지니어들과 25센트를 걸고 내기를 했다. 존슨이 맞으면 딴 돈을 스컹크 웍스의 공통 저금통에 저금했다. 반대로 부하 엔지니어가 맞으면 존슨으로부터 25센트를 받았다. 존슨의 25센트 동전을 딴다는 것은 스컹크 웍스의 모든 엔지니어들에게 대단한 영광이었다. 실제로 그런 일은 존슨이 일하던 수십 년 동안 채 몇 번 일어나지 않았다.

리치는 평생 동안 존슨에게 두 번 25센트 동전을 땄다. 한 번은 공식 내기였고 다른 한 번은 비공식 내기였다. 공식 내기는 F-117과 F-117 크기의 반도 안 되는 소형 드론 D-21 중에 어느 쪽이 레이더에 작게 보일지를 놓고 벌인 내기였다. 시험 결과 F-117이 D-21보다 무려 천 배나 더 스텔스성능이 높은 것으로 판명되자 존슨은 툴툴대며 리치에게 25센트 동전을 건넸다.

비공식 내기는 A-12를 개발할 때 표면 마찰로 인해 온도가 지나치게 상승하는 문제에 대한 거였다. 열역학에 정통했던 리치는 어느 날 A-12를 검은색으로 칠하자는 제안을 했다. 검은색은 열을 잘 흡수하지만 반대로 열을 가장 잘 방출하기도 한다. 하지만 존슨은 그건 비행기의 무게만 늘릴 뿐 표면 온도는 별로 안 떨어진다고 호통쳤다. 존슨은 고작해야 25도 정도일 거라고 했지만 리치는 50도 정도는 될 거라고 했다. 다음날, 밤새 생각해봤는지 존슨은 리치에게 다가와 25센트를 건네고 갔다. 나중에 시험해보니 실제로 A-12의 온도는 이로 인해 52도 떨어졌다.

한편 리치가 '25센트 내기'에서 존슨에게 한평생 동안 잃은 돈은 10달러가 넘었다.

8

화성 탐사와 우주 개발의 선봉장, 제트 프로펄션 랩

JPL

지구인 대 화성의 역대 전적은
팽팽한 20승 21패

2012년 8월 5일은 무더운 일요일이었다. 미국 서부 시간으로 밤 10시 10분, 나사의 일군의 엔지니어들은 패서디나에 위치한 제트 프로펄션 랩의 크루즈 미션 지원실에 모여 식은땀을 흘리고 있었다. 하지만 더위 때문만은 아니었다. 이제 곧 그들의 미션, 일명 '화성과학실험실'의 우주선이 화성 대기에 진입할 참이기 때문이었다.

화성과학실험실의 목표는 크게 두 가지였다. 첫 번째 목표는 화성에서 사람이 거주할 수 있는 가능성을 조사하는 것이었다. 이를 위해 화성 대기의 기후와 화성 표면의 지질을 분석할 예정이었다. 두 번째 목표는 2030년대에 수행하려고 추진 중인 화성 유인탐사를 위한 기본적인 데이터를 축적하는 것이었다.

이러한 작업을 사람이 화성에 가 직접 수행하는 것은 아직 시기상조였다. 당연히 화성 표면에 내려앉을 무인화성착륙선의 몫이었다. 그렇지만 착륙한 그 자리에서만 데이터를 수집한다는 건 뭔가 성에 차지 않앉다. 나사의 엔지니어들은 그 이상의 테크놀로지적 성과를 거두길 원했다. 그래서 사람을 대신하여 화성 표면을 돌아다닐 일종의 로봇을 보내기로 결정했다. 이런 로봇을 이들은 '로버'라고 불렀다. 그러니까 '큐리오시티'라는 이름의 로버를 무사히 화성 표면에 안착시키는 것이 이번 미션의 가장 중요한 임무였다.

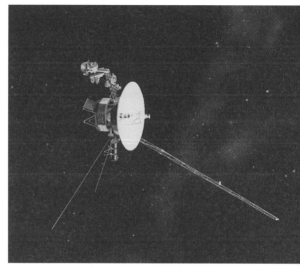
목성과 토성을 탐사하기 위해 개발된 탐사선 보이저

화성으로 로버를 보내는 건 이번이 처음은 아니었다. 1997년 7월 4일, 미국의 독립기념일에 최초의 로버 '소저너'가 화성 표면에 착륙했다. 좀 더 정확하게는 '패스파인더'라는 화성착륙선에 탑재돼 있던 소저너가 자신의 바퀴를 굴려 화성 표면에 내려앉은 것이었다. 소저너는 사실 거의 장난감 같은 로버였다. 길이와 너비가 각각 63cm와 48cm에 불과하고 무게는 고작 11.5kg이었다.

소저너는 지구와 통신하려면 제자리에 고정돼 있는 패스파인더를 통해서 해야 하는 탓에 멀리갈 수 없었다. 실험 장비도 엑스레이 분광기와 3대의 카메라가 전부일 정도로 단출했다. 그런데 의외로 사람들은 대단한 관심을 보였다. 이동이 가능한 로봇이라는 점 때문인지 소저너에 대해 의인화된 감정이입을 하는 듯했다. 소저너의 작동 기간은 제한된 배터리 수명으로 인해 원래 7일이었고 길어도 30일을 넘길 수는 없다고 했다. 그럼에도 불구하고 소저너는 지구시간으로 85일간이나 살아서 데이터를 보내왔다. 전 세계 사람들은 열광했다.

소저너에 대한 열광적인 반응에 고무된 나사는 2003년 7월 미션 '화성탐사로버'를 위한 델타2 로켓을 두 번 발사했다. 두 대의 쌍둥이 로버를 화성의 다른 지역으로 거의 동시에 보내는 미션이었다. 2004년 1월 4일에 착륙한 무게 185kg의 '스피릿'은 원래 90일간의 미션을 부여받았지만 계속 신호를 보내오다 2010년 3월 22일에야 소식이 끊겼다. 지구시간으로 2,695일, 화성시간으로 2,623솔 동안 살아 있었던 것이었다. '솔'은 화성의 하루에 해당하는 시간으로 지구시간 24시간 37분 23초와 같다. 2004년 1월 25일에 화성에 착륙한 '오포튜니티'의 경우는 더욱 놀랍다. 2016년 현재도 아직 살아서 돌아다니고 있기 때문이다. 2015년 8월 기준으로 11년이 넘는 기간 동안 약 42km의 화성 표면을 발로 뛰었다.

이렇게만 얘기하면 화성으로 우주선을 보내는 게 별로 대단한 일이 아니라고 생각할지도 모르겠다. 결코 그렇지 않다. 화성과학실험실이 발사되기 전까지 지구에서 화성으로 보낸 우주선은 총 38대였다. 38대라는 수치는 지나가는 것, 화성 궤도를 도는 것, 그리고 화성 표면에 착륙하는 것을 모두 포함한 숫자다. 이 중 미션에 성공한 우주선은 고작 18대에 불과했다. 나머지 20대는 알 수 없는 원인으로 사라져버렸다. 즉 2012년 시점까지의 누적성공률이 채 50%에 못 미쳤다.

큐리오시티를 화성 표면에 안착시키기 위한 테크놀로지의 개발은 스피릿/오포튜니티가 성공한 직후부터 시작됐다. 가장 어려운 부분은 우주선이 화성 대기에 진입하는 순간부터 화성 표면에 착륙하는 순간까지였다. 초속 5.6km로 진입하여 화성 표면에 닿을 즈음에는 0에 가까운 속도까지 감속시켜야 했다. 이에 걸리는 시간은 7분이었다. 그래서 이를 엔지니어들은 '공포의 7분'이라고 불렀다. 무사히 착륙해서 큐리오시티가 살아 있을 경우, 0과 1로 구성된 신호를 제트 프로펄션 랩의 관제센터로 보내도록 되어 있었다. 화성과 지구 사이의 거리로 인해 이 신호가 지구까지 도달하는 데 걸리는 시간은 13.8분이었다. 즉 총 20분 정도의 시간이 지나야 제트 프로펄션 랩의 엔지니어들이 큐리오시티의 생존 여부를 확인할 수 있었다.

제트 프로펄션 랩에는 두 개의 전통이 있다. 하나는 우주선이 목적지에 도달할 때 관제센터의 엔지니어들에게 땅콩을 돌리는 것이다. 미션의 성공 여부를 놓고 손톱을 뜯고 있을 엔지니어들의 긴장을 풀어주기 위해서였다. 다른 하나는 착륙 1시간 전쯤에 노래를 틀어주는 것이었다. 일종의 '웨이크업 콜'로 우주선이 긴 비행에서 잠을 깨고 이제 착륙이라는 임무에 들어가라는 의미였다. 이번 큐리오시티의 웨이크업 콜은 프랭크 시내트라가 부른 〈전부거나 전부 다 아니거나〉라는 노래였다. 큐리오시티의 착륙에도 중간은 있을 수 없었다. 성공하거나 실패하거나 둘 중의 하나였다.

20분 가까운 적막을 깬 건 조디 데이비스라는 엔지니어였다. 그녀는 자신의 모니터에 뜬 신호를 확인하고 "탱고 델타 노미날"이라는 콜 사인을 내보냈다. 탱고는 알파벳 T, 델타는 D를 나타내는 말로, 합치면 '터치다운'이라는 뜻이었다. 노미날은 정상이라는 뜻으로, 그러니까 중간에 타버리지 않고 정상적으로 착륙했다는 신호가 들어왔다는 뜻이었다. 그녀는 이어 "RIMU stable'이라고 말했다. RIMU는 Rober Inertial Measurement Unit의 약자로, 이 기계장치가 안정적이라는 뜻이었다. 좀 더 구체적으로 말하자면 큐리오시티가 상대적으로 평평한 땅에 잘 내려앉았다는 의미였다.

다음 차례는 브라이언 슈라츠라는 엔지니어였다. 그는 10초가 경과한 후에도 UHF 밴드의 전자파 신호가 계속 들어오는지를 확인했다. 만약 그렇다면 큐리오시티를 착륙시키기 위한 모듈이 계획했던 대로 큐리오시티로부터 멀리 떨어진 곳으로 날아갔다고 믿어도 좋았다. 그 모듈은 화성 표면과 충돌해서 망가지겠지만 그건 아무래도 괜찮았다. 슈라츠는 "UHF는 정상!"이라고 외쳤다. 착륙을 책임진 제트 프로펄션 랩의 팀 리더인 아담 스텔츠너는 주먹을 움켜쥐었다.

그 즉시 스텔츠너는 시스템 엔지니어인 알 첸을 툭 쳤다. 모두가 기다리던 최종 콜을 내보내는 건 첸의 임무였다. 첸은 "터치다운 확인! 우리는 화성에서 안전하다!" 하고 방송했다. 2012년 8월 5일 밤 10시 30분의 일이었다. 큐리오시티의 무사 착륙을 기다리던 전 세계인들은 환호성을 질렀다. 이로써 지구인 대 화성의 대결은 19승 20패로 좀 더 좁혀졌다. 이후 지구인과 화성은 각각 1승씩 주고 받아, 2016년 11월 현재 이 대결의 승패는 20승 21패로 여전히 지구인이 열세다. 인도가 발사한 우주선 망갈리안은 2014년 9월 24일 무사히 화성궤도에 진입했지만, 2016년 10월 유럽우주청의 스키아파렐리가 마지막 순간에 교신이 끊기면서 화성에 충돌했기 때문이다. 이로써 인도는 일본과 중국을 제치고 화성 미션에 최초로 성공한 아시아 국가에 올랐다.

일명 5인의 헝가리 외계인에 속하는
시어도어 폰 카르만이 설립자

미국의 우주탐사는 1958년에 시작됐다. 구소련이 1957년 스푸트니크를 전격적으로 지구 궤도에 올려놓자 이에 충격을 받은 미국의 아이젠하워 대통령은 우주탐사를 전담할 조직을 설립토록 했다. 1915년부터 항공 및 로켓 분야에 대한 대통령 자문조직이었던 나카(National Advisory Committee for Aeronatics)를 확대 개편하여 1958년 10월 나사를 설립한 것이다.

나사는 비군사적 목적의 우주탐사를 전담한다는 임무를 부여받았는데, 우주탐사에 소요되는 막대한 규모의 돈을 생각하면 순수한 민간 목적의 로켓 개발이란 사실 성립하기 어려운 얘기였다. 나사가 표면적으로는 민간 우주개발을 표방했지만 완전히 군사 엔지니어링과 절연됐다고 보기는 어렵다. 가령 초창기부터 나사 로켓 개발의 핵심적인 역할을 담당했던 곳 중의 하나가 제2차 세계대전 때 독일의 V-2 로켓을 개발했던 장본인인 베르너 폰 브라운이 이끌던 미 육군 탄도미사일청이었다. 지갑이 두둑했던 미국은 나사 설립 몇 달 전인 1958년 2월 군사적 목적의 우주 테크놀로지를 개발하는 '아르파'라는 별도의 조직을 설립함으로써 비군사적 목적 대 군사적 목적 간의 구별을 좀 더 명확히 하고자 했다. 앞의 4장에서 나왔던 다르파는 아르파가 1972년에 이름만 바꾼 조직이다.

나사에는 우주 테크놀로지를 개발하는 독립적인 여러 엔지니어링 조직과 우주선의 발사를 담당하는 여러 곳의 스페이스 센터가 존재한다. 나사와 관련된 엔지니어링 조직 중 가장 유명한 곳이 바로 제트 프로펄션 랩이다. 제트 프로펄션 랩은 랭글리나 에임스 같은 나사의 다른 엔지니어링 조직과 비교해서 좀 특수한 면이 있다. 즉 나사의 일을 하긴 하지만 나사의 직속 조직은 아니라는 점이다. 좀 더 엄밀하게 얘기하자면, 제트 프로펄션 랩은 칼텍의 산하 실험실로, 나사는 칼텍과 계약을 맺어 제트 프로펄션 랩의 앞선 테크놀로지를 활용하는 구조다. 즉 제트 프로펄션 랩의 엔지니어들은 칼텍에 고용된 직원으로 월급도 칼텍으로부터 받는다.

제트 프로펄션 랩이 공식적으로 성립된 것은 제2차 세계대전이 한창이던 1943년이다. 하지만 비공식적인 시작은 1936년부터다. 캘리포니아 패서디나에 위치한 '캘리포니아 인스티튜트 오브 테크놀로지', 속칭 CIT 혹은 칼텍의 구겐하임항공실험실 소속의 대학원생 몇 명이 모여서 자생적으로 로켓 실험을 하다가 폭발사고가 나고 말았다. 학교 측은 화재의 위험이 있으니 학교 캠퍼스가 아닌 다른 곳에서 실험하라고 종용했고, 그래서 샌가브리엘 산 근처의 현재 위치에 자리 잡게 됐다.

제트 프로펄션 랩의 초대 창립자는 칼텍 항공공학과의 교수였던 시어도어 폰 카르만이다. 폰 카르만은 일명 5인의 외계인 같은 헝가리인 중의 한 명으로, 이 5인에는 폰 카르만 외에 게임이론을 창시한 존 폰 노이만, 아인슈타인의 제자면서 원자폭탄 개발을 제안했던 레오 실라르드, 수소폭탄의 아버지라고 불리는 에드워드 텔러, 위그너의 정리로 유명한 유진 위그너가 있다. 이 다섯 명은 모두 헝가리인으로서 나중에 미국으로 이민을 왔는데, 도저히 사람의 지능이라고 볼 수 없을 정도의 뛰어난 지적 능력을 가진 것으로 유명했다. 그래서 헝가리인들은 외계인의 후예라는 농담 같은 말이 돌아다닐 정도였다.

폰 카르만에 관한 유명한 일화는 셀 수 없을 정도로 많다. 가령 엔지니어링과 과학의 차이를 얘기한 내용은 이미 5장에서 언급했고, P-38 라이트닝 개발에 얽힌 얘기는 7장에 나온 바 있다. 사실 6장에서도 한 번 거론될 수 있었는데, 에어 멀티플라이어의 작동에 코안다 효과가 개입되기 때문이다. 공기가 곡면을 따라 흐를 때 발생하는 현상인 코안다 효과는 루마니아의 헨리 코안다가 발견한 것으로, 그는 이 현상에 대해 폰 카르만과 상의했다. 그 결과 이를 코안다 효과라고 명명한 장본인이 바로 폰 카르만이었다. 또 지어지자마자 얼마 지나지 않아 엿가락처럼 무너지고 만 현수교 타코마 다리의 붕괴 원인을 밝힌 것으로도 유명하다. 폰 카르만은 칼텍의 교수로 있으면서, 동시에 에어로제트 엔지니어링이라는 회사를 세워 개인적으로 큰 부를 축적하기도 했다.

사실 폰 카르만과 그의 학생들이 제트 프로펄션 랩을 세울 때만 해도 로켓 개발에 따른 두 가지 위험을 감수해야 했다. 하나는 물리적인 폭발 사고로 인한 생명의 위협이었다. 로켓의 작동 원리가 가연성 물질의 연소를 통한 추력 발생이기에 예기치 못한 폭발의 가능성은 늘 상존했다. 하지만 두 번째의 사회적 위험이 어찌 보면 더 심각했다. 즉 로켓을 개발한다고 대놓고 얘기하다가는 그동안 쌓아온 명성이 하루아침에 물거품이 될 수 있었다. 그럴 정도로 로켓은 비현실적이고 허황된 것으로 백안시됐다. 그래서 이름도 로켓 프로펄션 랩이 아닌 제트 프로펄션 랩으로 정했던 것이다.

제트 프로펄션 랩은 1944년 미 육군의 자금을 받아 지상 발사 중거리 유도탄 개발을 시작했다. 이렇게 개발한 로켓에 코퍼럴과 서전트가 있는데, 코퍼럴은 액체로켓이고 서전트는 고체로켓이었다. 액체연료와 고체연료를 사용하는 로켓을 모두 개발했다는 사실도 제트 프로펄션 랩의 뛰어난 테크놀로지를 잘 보여준다. 그러다가 나사가 설립되면서 미 육군 병기국에서 나사로 이관되어 군사용 목적의 로켓 개발에서는 손을 뗐다.

나사 설립 이래로 제트 프로펄션 랩만의 고유한 영역은 바로 우주비행체를 개발하는 것이다. 목성과 토성을 탐사한 우주선 보이저나 금성을 탐사한 파이오니어나 마젤란, 그리고 매리너와 바이킹을 포함한 일련의 화성 탐사 우주선이 모두 제트 프로펄션 랩의 작품들이다. 2015년에 개봉됐던 영화 〈마션〉에는 화성탈출선의 무게를 줄이기 위한 장면 등이 나오는데, 이때 중국계 엔지니어로 나온 이가 바로 제트 프로펄션 랩의 엔지니어를 연기한 것이다. 우주선에 관한 한 전 세계에서 가장 앞선 테크놀로지를 갖고 있다고 자타가 공인하는 곳이 제트 프로펄션 랩이다.

제트 프로펄션 랩을 직접 방문해보면, 북미산 사슴이 마음껏 돌아다닐 정도로 목가적 분위기를 느낄 수 있다. 마치 미국 최상위 대학 캠퍼스에 와 있는 듯하다. 하지만 다른 점도 있다. 그건 쉴 없이 급박하게 돌아가는 긴장된 분위기가 알게 모르게 감지된다는 점이다.

제트 프로펄션 랩이 맞닥뜨린 문제들은 거의 예외 없이 이전에 한 번도 겪어보지 못한 문제들이다. 제트 프로펄션 랩이 겪은 실패 중 가장 큰 사건은 화성 서베이어 프로그램이다. 당시는 나사 전체적으로 우주선 개발 비용을 절감하라는 외부적 압력이 극심하던 때였다. 그래서 처음으로 우주선 제작을 제트 프로펄션 랩이 자체적으로 하지 않고 록히드 마틴의 우주사업 부문에 외주를 주는 형식으로 진행됐다. 비용이 부족하다 보니 필수적인 시험 일정 등이 과감하게 생략됐고, 이는 결국 2대의 우주선을 그대로 잃어버리는 결과로 귀결됐다.

나중에 밝혀진 우주선 증발의 원인은 어이없을 정도로 기본적인 문제였다. 즉 단위계가 혼동됐던 것이다. 우리나라는 프랑스가 주도가 된 미터법, 즉 국제단위계를 쓰지만 미국은 역사적인 이유로 파운드-피트 등으로 구성된 영미단위계를 쓴다. 화성기후궤도선은 기본적으로 태양광 패널을 통해 생산된 전기에너지를 동력원으로 사용하도록 디자인됐다. 발전 효율을 높이려면 항행 중에 태양광 패널의 방향을 조금씩 바꿀 필요가 있어, 이를 위해 '스러스터'라고 부르는 반동추진 엔진을 작동해야 했다.

그런데 태양광 패널에 부착된 스러스터의 작동은 패널에만 영향을 미치는 게 아니라 화성기후궤도선 몸체에도 미세하지만 약간의 영향을 미쳤다. 이를 보정하기 위해서 화성기후궤도선의 항행을 책임진 팀에서는 그 효과를 감안하여 주기적으로 궤도 수정을 하도록 돼 있었다. 문제는 스러스터의 데이터는 국제단위계로 돼 있었던 반면 항행 팀의 소프트웨어는 영미단위계로 구성돼 있었다는 점이다. 그래서 화성 궤도에 진입하기 위해 메인 엔진을 켰을 때는 이미 늦었던 것이다.

화성 프로그램 치프 엔지니어는
칼텍을 졸업한 롭 매닝

앞의 7장에서 켈리 존슨이 록히드와 스컹크 웍스의 치프 엔지니어로서 극비 항공기 개발을 지휘하고 이끌었던 것이 기억날 것이다. 제트 프로펄션 랩의 화성 탐사 프로그램에도 당연히 치프 엔지니어가 있다. 화성 프로그램의 치프 엔지니어는 화성 탐사 우주선의 엔지니어링과 테크놀로지에 관한 모든 문제에 대해 책임을 지고 최종적인 의사결정을 하는 사람이다. 비유를 하자면, 회사의 최고재무책임자, 즉 치프 파이낸셜 오피서가 회사의 돈 문제에 관한 최종적인 책임을 지는 것과 같다. 그럴 정도로 치프 엔지니어의 권한과 책임은 막중하다.

화성 서베이어 프로그램 이래로 큐리오시티에 이르기까지 치프 엔지니어로 일하고 있는 사람은 롭 매닝이다. 미국에서 태어난 매닝은 어렸을 때부터 로봇과 우주선에 큰 관심을 가졌고, 이미 13세 때 어른이 되면 우주선을 만드는 일을 하겠노라고 결심했다. 매닝은 화성에 화성인이 살지 않는다는 화성탐사선 바이킹의 뉴스를 듣고도 믿지 않을 정도로 우주에 대한 얘기와 공상으로 점철된 소년시절을 보냈다.

그러나 어렸을 때만을 놓고 본다면 매닝의 장래 희망은 그냥 막연한 꿈처럼 보였다. 왜냐하면 매닝의 성적은 보통 수준이었기 때문이다. 더욱 심각한 것은 매닝은 수학과 과학 과목에 애초에 그다지 관심이 없었다. 하지만 우주 탐사에 대한 그의 꿈은 점차 이 두 과목에 대한 필요성을 느끼도록 만들었다. 매닝의 교사는 엔지니어링을 공부하려면 우선 성적을 한참 끌어올려야 한다고 조언했다. 매닝은 이 조언을 무시할 수 없었다. 그 즈음에 우연히 접하게 된 칼텍 졸업생들의 사진을 보면서 막연하게나마 '저런 사람이 되면 정말 좋겠다.'는 소망을 갖게 됐다.

고등학교 졸업 후 매닝이 입학한 대학은 워싱턴의 왈라왈라에 위치한 휘트먼 컬리지였다. 입학 당시만 해도 매닝은 자신이 나중에 엔지니어가 될 수 있으리라곤 생각하지 못했다. 왜냐하면 휘트먼 컬리지는 대학원을 갖고 있지 않은 이른바 리버럴 아츠 컬리지로서 엔지니어링 전공은 아예 제공되지 않았기 때문이다.

그런데 한 프로그램이 매닝의 눈에 운명처럼 띄었다. 이름하여 '3+2 프로그램'으로서 5년에 걸쳐 두 개의 학사학위를 받는 프로그램이었다. 그러니까 휘트먼에서 3년을 보내고, 나머지 2년을 다른 대학에서 보내는 거였다. 그런데 그 다른 대학이라는 게 뉴욕에 있는 컬럼비아 대학 아니면 칼텍이었던 것이다.

하지만 이 프로그램에 선발되려면 학점이 매우 뛰어나야 했다. 휘트먼도 간신히 붙은 매닝의 실력으론 결코 쉬운 일이 아니었다. 그러나 그에게는 칼텍에 가고야 말겠다는 강한 동기부여가 있었다. 매닝은 열심히 공부했고, 학교 도서관에서 살다시피 했다. 결국 3년 후 매닝은 진짜로 칼텍에 가게 됐다. 어렸을 때 자신의 방에 사진을 붙여놓았던 제트 프로펄션 랩의 디렉터, 윌리엄 피커링이 칼텍에서 자신의 지도교수가 됐을 때 매닝은 자신이 칼텍의 일원이 됐다는 사실을 실감했다.

칼텍에서 2년 동안 전기공학을 공부하면서 매닝은 졸업 후 제트 프로펄션 랩의 엔지니어가 되길 강렬히 원했다. 그래서일까 졸업하는 해에 매닝은 제트 프로펄션 랩이 개발하던 목성탐사선 갈릴레오의 설계도를 관리하는 파트타임 일자리를 얻었다. 별 볼 일 없는 역할이라고 볼 수도 있었지만 매닝은 마냥 행복에 겨워 어쩔 줄 몰랐다. "사실 제트 프로펄션 랩이 창문 닦는 일을 줬더라도 나는 그대로 받아들였을 겁니다."라고 얘기할 정도였다.

창문닦이라도 감사하다는 매닝은 칼텍 졸업 후 제트 프로펄션 랩 스페이스 팀의 당당한 일원이 됐다. 하지만 처음에 엔지니어로서 맡은 일은 보기에 따라선 하찮게 느껴질 수도 있는 일이었다. 그의 임무는 갈릴레오의 여러 장비를 테스트하기 위한 전자시험기기들의 관리와 테스트할 때의 조수 역할이었다. 매닝은 곧 이게 굉장히 싫증나고 지루한 일이라는 걸 깨달았다. 하지만 묵묵히 엔지니어로서의 수련 기간을 견뎠다. 시간이 지나면서 매닝은 우주선의 컴퓨터, 컴퓨터 메모리, 컴퓨터 아키텍처, 그리고 고장방지시스템의 디자인에 대한 전문가로 착실하게 성장했다.

매닝이 제트 프로펄션 랩에서 일한 지 13년이 지난 1993년, 그는 미션 패스파인더의 부매니저로 임명됐다. 그러면서 동시에 패스파인더를 무사히 화성 표면에 안착시키는 임무의 리더 역할도 맡게 됐다. 우주선을 행성 표면에 착륙시키는 임무를 나사에서는 '진입/하강/착륙'이라고 부른다. 패스파인더를 화성까지 보내는 일은 그 이전의 미션들의 경험으로 인해 못할 일은 아니었던 반면 진입/하강/착륙은 사실상 처음 시도하는 일이나 다름없었다. 매닝은 자신의 시간의 90% 이상을 패스파인더의 진입/하강/착륙에 들여야 했다.

사실 1970년대에 바이킹의 착륙선이 이미 화성 표면에 두 번이나 무사히 착륙한 적이 있기는 했다. 그러나 문제는 비용이었다. 1970년대의 돈으로 1조 원이 넘게 소요된 방식을 1990년 중후반에 재현하려면 너무 돈이 많이 들었고, 한마디로 말해서 나사에는 더 이상 그런 돈이 없었다. 말도 안 되게 적은 비용으로 패스파인더와 소형 로버 소저너를 착륙시킬 것을 요구받았던 것이다. 실제로 패스파인더의 새로운 진입/하강/착륙 방식을 개발히는 데 들어간 돈은 고작 영화 한 편을 제작하는 비용에 지나지 않았다. 매닝의 팀은 보기 좋게 이를 성공시켰다.

약간 여담이지만, 바이킹의 착륙선을 제작했던 곳은 마틴 마리에타라는 미국 방산업체였다. 그래서인지 실패한 화성극지방착륙선의 개발 및 제작이 같은 곳에 주어졌다. 즉 마틴 마리에타가 1995년에 록히드와 합병되면서 록히드 마틴 우주사업 부문이라고 불리게 됐고, 이 부문이 화성극지방착륙선의 진입/하강/착륙을 맡았던 것이다. 이게 완전한 실패로 끝나버리면서 다시 제트 프로펄션 랩이 직접 개발하는 쪽으로 방침이 바뀌었다.

매닝은 2004년에 제트 프로펄션 랩의 화성 프로그램 치프 엔지니어가 되어 오늘에 이르고 있다. 매닝에게 박사나 석사 학위는 없다. 하지만 그는 우주선 테크놀로지에 관한 한 최고의 엔지니어다.

화성탐사로봇 큐리오시티의
진입, 하강, 착륙이 극적인 이유

모든 비행은 안전한 착륙으로 귀결되어야 한다. 이게 전제되지 않는 비행은 자살행위일 뿐이다. 인류 역사상 최초의 무동력비행을 한 오토 릴리엔탈은 이 문제를 해결하지 않은 채로 비행을 강행하다 결국 목숨을 잃고 말았다. 하지만 라이트 형제는 1902년 동력비행을 시작하면서 동시에 착륙에도 통달했다. 또한 나사의 우주비행사들이 달 착륙을 성공적으로 완수한 게 1969년의 일이다. 이렇게 보면 왜 큐리오시티가 화성에 안전하게 착륙하는 게 그렇게 대단한 일인지 궁금해진다.

아폴로의 달착륙선의 경우, 우선 달 궤도에 진입하여 선회하다가 궤도선과 분리되면서 도는 방향의 반대 방향으로 역추진로켓을 점화하는 방식을 사용했다. 이렇게 되면 착륙선의 속도가 점점 감속되어 자연적으로 달 표면으로 떨어진다. 착륙 자체가 아주 쉬운 건 아니었지만 자세 제어 테크놀로지를 통해 충분히 극복할 만한 일이었다.

반면 지구로 귀환하는 우주선의 경우 위와 같은 역추진로켓이 필요하지 않다. 왜냐하면 지구에는 대기가 존재하기 때문이다. 지구의 공기층은 자신에게 진입하는 우주선의 속도를 거의 0에 가깝게 줄일 수 있다. 대신 감속된 에너지는 열로 변환되기 때문에 우주선의 선체와 우주비행사를 지키기 위한 열차폐막이 필요하다. 최종적인 착륙을 위해선 소련의 소유즈가 최초로 썼던 낙하산을 통한 착륙을 시도하거나, 우주왕복선이 썼던 날개를 통한 착륙을 시도하면 된다.

화성 착륙의 골치 아픈 점은 바로 화성이 달도 아니고 지구도 아니라는 점이다. 즉 달에서 쓴 방법을 쓰기에는 대기가 너무 많고, 반대로 지구에서 쓰는 방법을 활용하기에는 대기가 너무 적다. 결과적으로 달에서 쓰는 방법인 역추진로켓과 지구에서 쓰는 방법인 열차폐막과 낙하산을 모두 동원해야 한다. 화성의 대기 밀도는 지구에서 4만m 높이의 산 정상에 서 있는 사람이 느끼는 것과 같을 정도로 옅다. 하지만 중력은 지구의 40% 정도에 육박하므로 대기 진입 후 표면에 도달하는 데 걸리는 시간이 7분밖에 되지 않는다. 워낙 짧은 시간 안에 필요한 감속을 해야 하기 때문에 공포의 7분이라고 불리는 것이다.

매닝의 팀은 패스파인더 미션 때 이전에 써본 적이 없는 새로운 방식의 착륙법을 개발해냈다. 처음 들으면 황당하기 그지없는 이 방법은 일명 '에어백 구르기'라고 불린다. 즉 진입 후 하강하는 7분의 적정 시점에 열 개가 넘는 공 모양의 에어백이 부풀어 올라 착륙선을 통째로 감싸버리는 것이다. 화성 표면 충돌 시의 충격을 에어백으로 흡수하겠다는 이 발상은 놀랍게도 실제로 성공적으로 작동돼 모두를 놀라게 했다. 이에 재미를 본 제트 프로펄션 랩은 로버 스피릿과 오포튜니티를 보낼 때도 동일한 방법을 사용했다.

한편 이 방법에는 약점도 있었는데, 정확히 어디에 착륙할지 알 수 없다는 점이었다. 공으로 둘러싸인 착륙선의 하강 경로를 예측한다는 것은 불가능에 가까운 일이고, 게다가 표면 충돌 후 어디로 굴러갈지는 아무도 알 수 없었다. 또한 화성의 대기는 지구보다 훨씬 불안정하여 하강 시의 공기역학적 특성이 불확실하기 짝이 없었다. 결국 매닝의 팀은 하강 시의 양력 발생은 포기하고 소형 스러스터를 통해 약간의 자세 조정에 만족하기로 했다.

큐리오시티에서 가장 큰 문제는 바로 착륙이었다. 실제 상황에서 검증된 착륙 테크놀로지는 단 두 가지였다. 하나는 역추진로켓을 이용해 다리로 직접 착륙하는 것이었고, 다른 하나는 바로 위의 에어백 구르기였다. 화성에 다리로 착륙하는 건 바이킹 때 써봤고, 2008년 피닉스 때도 성공한 적이 있었다. 에어백 구르기는 패스파인더/소저너와 스피릿/오포튜니티 때 썼다. 매닝의 팀은 이 문제를 놓고 8년간 씨름했지만, 두 방법 다 큐리오시티에 쓰기엔 문제투성이였다.

큐리오시티는 이전의 로버나 화성착륙선과 비교가 안 될 정도로 대

화성 표면을 탐사하기 위해 개발된 로버 '큐리오시티'

형 로버였다. 길이가 2.9m, 폭이 2.7m, 높이가 2.2m고, 무게가 실험장비를 포함해서 900kg에 달했다. 스피릿이나 오포튜니티의 무게는 185kg에 지나지 않았고, 다리로 착륙한 피닉스도 350kg에 그쳤다. 디자인 단계에서 큐리오시티의 목표 질량은 1톤으로 주어졌고, 나중에 100kg이 줄긴 했지만 역대 한 번도 시도해보지 않았던 무게였던 것이다.

　무게는 우주선에 있어 거의 모든 것이다. 우주선이 우주로 나가기 위해서는 로켓에 의해 우선 지구 중력권을 탈출해야 한다. 이때 로켓이 감당할 수 있는 이른바 페이로드, 즉 우주선의 최대하중에 제한이 있다. 가령 일부 사람들이 추진하고 있는 유인 화성기지를 실제로 건설하려면 막대한 페이로드가 필요하다. 그러나 이 정도의 페이로드를 우주로 내보낼 로켓은 엘론 머스크의 스페이스X 같은 회사에서 개발 중이긴 하지만 현재로선 아직 존재하지 않는다.

　우주선의 무게는 착륙시점에도 결정적인 문제다. 무거울수록 화성의 중력으로 인해 속도가 빨라진다. 그만큼 감속의 어려움이 가중된다. 무게가 가벼운 착륙선만큼 속도를 줄였다고 하더라도 화성 표면 접촉 시의 충격은 무게만큼 더 크다. 다음의 예를 보면 쉽게 이해할 수 있다. 가령 개미라면 20층 높이의 빌딩 꼭대기에서 떨어트려도 괜찮다. 무게가 가벼운 개미가 지표면 접촉 시에 받는 충격량은 얼마 안 되기에 멀쩡하게 살 수 있다. 하지만 사람이라면 즉사를 면하기 어렵다. 그래서 큰 충격을 견뎌내려면 우주선을 더 튼튼하게 만들어야 한다. 하지만 그만큼 다시 무게가 더 늘어난다. 한마디로 쉽지 않은 문제란 얘기다.

매닝의 팀은 900kg의 큐리오시티와 이를 무사히 착륙시킬 착륙선 자체의 무게를 감안하면 다리 방식의 착륙이 가능할 것인지 전혀 확신할 수가 없었다. 다리 방식의 또 다른 문제로, 역추진로켓의 연소기류가 너무 세면 그로 인해 화성 표면에 구멍이 생겨 거기에 착륙선이 빠져버릴지도 모른다는 점이었다. 그 외에도 하필 경사진 곳에 착륙하다가 뒤집어질 가능성, 바위 등에 부딪혀 착륙선이 손상될 가능성, 착륙선이 제때에 역추진로켓을 끄지 못해 화성 표면으로부터의 반력으로 인해 다시 튕겨나갈 가능성 등도 배제할 수 없었다. 마지막으로 착륙선으로부터 큐리오시티를 안전하게 내려놓는 것도 커다란 테크놀로지적 과제였다. 매닝의 팀의 계산에 의하면 착륙선 다리의 수직 높이는 3m 정도 돼야 했는데, 이 정도 높이에서 900kg의 큐리오시티를 화성 표면에 내릴 방법이 묘연했다.

에어백 구르기가 최초로 사용된 패스파인더/소저너의 경우, 착륙선의 속도는 일차적으로 낙하산에 의해 시속 240km까지 감속됐다. 표면고도 150m쯤에서 에어백이 부풀어 오르면서 수초간 3대의 역추진로켓을 작동하여 속도를 더 줄였다. 그 후 고도 15m쯤에서 착륙선이 공중정지 상태에 들어간 시점에 착륙선에 매달려 있던 패스파인더/소저너의 밧줄이 풀리면서 자유낙하해 에어백과 함께 데굴데굴 굴렀다. 스피릿/오포튜니티에도 기본적인 개념상 동일한 방식이 적용됐다.

원칙적으로 이 방법이 큐리오시티에 적용되지 못할 이유는 없었다. 하지만 실제로는 불가능했다. 결정적으로 큐리오시티의 무게를 견딜 수 있는 에어백 재질이 존재하지 않기 때문이었다. 이를 극복하기 위해 에어백으로 둘러싸여 자유낙하하는 높이를 좀 더 낮추는 방안도 검토해봤다. 그러나 쉽지 않다는 결론에 도달했다. 역추진로켓으로 사용하는 고체연료로켓은 켜거나 끌 수만 있는 이른바 뱅뱅제어시스템이었다. 그리고 뱅뱅제어는 정밀한 조절이 안 되는 걸로 악명 높았다. 낙하산에 매달려 있는 탓에 이리저리 흔들리고 있는 상태에서 뱅뱅제어를 통해 높이를 정밀하게 조절한다는 것은 불가능했다.

기존의 두 방식 모두 큐리오시티에는 쓸 수 없다는 사실이 분명해질 때쯤 새로운 개념을 제안하는 구세주와도 같은 사람이 나타났다. 제트 프로펄션 랩의 치프 기계 엔지니어인 다라 사하비가 그 주인공으로 왜 착륙선이 필요하냐는 근본적인 질문을 던졌다. 사하비의 생각은 착륙선을 착륙시키지 말고 일종의 크레인처럼 쓰자는 것이었다. 즉 착륙선이 큐리오시티를 밧줄로 매단 채로 조금씩 하강하여 결국에는 큐리오시티가 직접 바퀴째로 착륙하게 하자는 제안이었다. 일종의 매달린 진자라서 제어할 수 없다는 의견도 초기에는 있었으나, 실제로 헬리콥터 조종사들이 이러한 작업을 문제없이 한다는 것을 알고는 추진하기로 결정됐다.

사하비의 발상이 혁신적이긴 했지만 완전하지는 않았다. 가령 그의 아이디어에 의하면, 착륙선과 큐리오시티가 밧줄로 연결될 때 착륙선의 여러 지점과 큐리오시티의 한 지점이 연결되도록 배치돼 있었다. 얼핏 생각하면 튼튼하고 당연한 방식일 것 같은 이 배치의 문제점을 지적한 건 유도 및 제어 엔지니어인 미구엘 산 마틴이었다.

산 마틴은 밧줄의 배치가 뒤집혀야 한다고 제안했다. 즉 착륙선의 중앙 한 지점에 여러 개의 밧줄이 묶이고 거기서 갈라져 나온 각각의 밧줄들이 큐리오시티의 여러 지점에 연결돼야 한다고 본 것이다. 그래야만 큐리오시티가 바람이나 수평하지 않은 화성 표면에 접촉하는 경우 등으로 인해 기울어졌을 때 착륙선이 덩달아 기울어지는 문제를 없앨 수 있기 때문이다. 어떠한 이유에서건 착륙선이 기울어지면 수직 방향이 아닌 수평 방향의 힘이 큐리오시티에 가해지게 되고, 이는 큐리오시티가 질질 끌려가느라 고장나버리는 원인이 될 수 있다. 반면 산 마틴의 배치대로라면 큐리오시티가 어떠한 자세를 취하든 착륙선은 수평을 유지한 채로 하강만 하게 된다.

큐리오시티의 실제 진입/하강/착륙은 바로 위와 같은 방식으로 이뤄졌다. 화성 대기 진입고도는 125km로 진입선의 대형 역추진로켓 8대가 작동하여 감속에 들어간다. 이 과정에서 큐리오시티와 착륙선을 과도한 열로부터 보호하는 열방패의 온도는 수천 도까지 올라가고, 큐리오시티는 지구중력 가속도의 15배에 해당하는 가속도를 받게 된다. 이 정도의 가속도라면 훈련받은 전투기 조종사라 할지라도 그냥 정신을 잃을 정도다.

고도 10km에 다다르면 속도가 시속 1,600km 정도로 준다. 아직 음속의 2배에 달하는 빠른 속도긴 하지만 직경 21.5m의 낙하산을 펼 정도는 된다. 낙하산을 펴고 상당히 내려온 후 임무를 다한 열방패를 떼버리면 고도 8km에 도달한다. 여기서부터 착륙선에 있는 레이더가 착륙선의 속도와 화성 표면까지의 거리를 측정하기 시작한다. 고도 1km까지 내려오면 낙하산이 달려 있던 진입선에서 큐리오시티가 붙어 있는 착륙선이 떨어져나온다. 그 즉시 진입선은 역추진로켓의 방향을 틀어 회피기동하여 멀리 떨어져나간다.

이제 착륙선은 자체 역추진로켓을 가동하여 시속 113km에서 시속 2.7km로, 초속으로는 0.75m까지 속도를 줄여나간다. 착륙선의 고도가 21m에 이르면, 큐리오시티는 착륙선으로부터 분리되어 줄에 매달린다. 큐리오시티의 고노가 7.5m까지 낮아지면 위로 접혀 있던 큐리오시티의 6개의 바퀴가 소형 폭약의 폭발에 의해 아래로 내려온다. 그리고 큐리오시티의 바퀴가 모두 화성 표면과 접촉하는 순간, 착륙선은 밧줄을 풀고 멀리 다른 곳으로 날아가버림으로써 착륙이 종료되는 것이다.

엔지니어링 충동은
신으로부터 선사받은 최고의 선물

매닝의 팀이 만든 화성 로버의 이름 큐리오시티의 뜻은 우리말로 호기심이다. 제트 프로펄션 랩은 이 이름을 어떻게 정했을까? 여기엔 하나의 전통이 있다. 1997년 최초의 로버를 화성으로 보낼 때 제트 프로펄션 랩은 미국의 모든 초등학생들이 참여하는 이름 공모 절차를 1년간 밟았다. 어린 학생들에게 우주개발의 꿈, 엔지니어의 꿈을 자연스럽게 갖게 하기 위해서였다. 이러한 결정은 화성 탐사 프로그램의 매니저면서 엔지니어인 돈나 셜리에 의해 내려졌다. 여기에 참여하는 초등학생들은 로버의 이름을 제안하는 데 그치지 않고 왜 그렇게 정했는지에 대한 에세이도 같이 써야 했다.

그렇게 해서 결정된 이름인 소저너는 실존 인물이었던 소저너 트루스에서 따온 것이다. 소저너 트루스는 아프리카계 미국인으로서 남북전생 기간 동안 모든 사람의 자유와 여성의 동등한 권리를 위해 싸웠던 사람이었다. 인류 최초의 화성 로버의 이름을 정한 사람이라는 영예는 코네티컷에 사는 12세 소녀 발레리 암브로스에게 돌아갔다.

큐리오시티라는 이름을 지은 이는 캔자스에 사는 13세 소녀 클라라 마다. 그녀의 에세이를 한번 읽어보자.

"큐리오시티(호기심)는 모든 사람의 마음속에서 불타오르는 영원한 불꽃입니다. 호기심은 아침에 나를 침대에서 빠져나오게 만들고 그날 삶이 나에게 안겨줄 놀라움이 무얼까 궁금하게 만들어요. 호기심은 그런 정도로 강력한 힘이에요. 그게 없다면, 우리는 오늘날의 우리가 되어 있을 수 없었을 겁니다. 내가 더 어렸을 때, 나는 "왜 하늘이 파랗지?", "왜 별들은 반짝거리지?", "왜 나는 나지?"와 같은 것들을 궁금해했고, 지금도 여전히 그래요. 나는 궁금한 게 너무나 많았고, 미국은 내 대답을 찾고 싶은 곳이지요. 호기심은 매일매일의 우리 삶을 관통하는 열정이에요. 우리는 궁금해하고 질문을 던지는 탐험가가 되어왔습니다. 물론 많은 위험과 리스크가 있어요. 하지만 그럼에도 불구하고 우리는 여전히 궁금해하고, 꿈꾸고, 창조하고, 희망하기를 계속합니다. 우리는 세상에 대해 너무나 많은 것들을 발견해왔지만 여전히 아직도 아는 게 별로 없어요. 앞으로도 우리가 모든 것을 알게 될 리는 없겠지만, 불타는 호기심으로 우리는 많은 것들을 깨달을 거예요."

참고로 소저너 이래로 모든 로버들은 다 '그녀'라는 여성형으로 지칭되고 있다.

이 책을 쓰는 내내 마음속에 떠올랐던 인물이 하나 더 있었다. 실

화성 착륙선 패스파인더에 탑재되어 화성 표면에 내려앉은 최초의 로버 '소저너'

존하는 인물은 아니고 소설 속의 등장인물이다. 하지만 또 한 명의 위대한 엔지니어임에는 틀림이 없다. 바로 2015년에 개봉된 영화 〈마션〉의 주인공 마크 와트니다. 나는 영화 이전에 소설을 먼저 읽어서인지 소설 속의 와트니가 좀 더 가슴에 와 닿는다. 맷 데이먼의 연기는 나쁘지 않았지만, 아무래도 영화로 만들면서 사라진 것들이 꽤 있다. "I'm pretty much f***ed."로 시작하는 이 소설은 정말이지 한번 손에 쥐면 놓을 수가 없다.

화성에 간 우주비행사 중의 한 명인 와트니는 조난을 당해 홀로 화성에 남겨졌다. 현실적으로 그가 살아서 지구로 돌아올 가능성은 0%에 가깝다. 아니, 그냥 0%라고 해도 된다. 자신은 부상을 당했고, 어느 누구도 자신이 살아 있다는 걸 모르며, 지구와 통신할 방법도 없고, 식량은 얼마 없으며, 다음번 탐사팀이 올 때까지는 너무나 긴 시간이 남았고, 설혹 그때까지 마술을 부려 살아남는다고 하더라도 다음번 탐사팀이 착륙할 지점으로부터 너무나 멀리 떨어져 있으니까.

하지만 그는 포기하지 않았다. 자신이 구조되리라는 확신이 있었을까? 아마 없었을 것이다. 그래도 수건을 던지지 않았다. 설혹 시도하다가 쓰러질지언정 그냥 손 놓고 죽음을 맞이할 생각은 하지 않았다. 20세기 영국의 경제사상가 존 메이나드 케인스는 "결국 모든 사람은 죽는다."라고 말했다. 장기적인 관점으로 보자면 와트니에게 벌어질 결과는 어쨌거나 같다. 그럼에도 불구하고 시도하고 또 시도했다.

와트니가 그럴 수 있었던 근본적인 이유가 있다. 왜냐하면 그는 엔지니어, 그것도 기계 엔지니어였기 때문이다. 기계 엔지니어라는 건 내가 지어낸 게 아니고 책에 나오는 말이다. 그런 점에서 나는 국내에 이 책을 번역해 내놓은 랜덤하우스코리아가 불만스럽다. 원작에 없는 '어느 괴짜 과학자의 화성판 어드벤처 생존기'가 그들이 멋대로 지어낸 책의 부제라서다. 원작의 표현을 빌리자면, '기발함, 엔지니어링 스킬, 그리고 으스스하기 짝이 없는 유머감각 외에는 아무것도 없는 그는 살아남기 위한 악착같은 분투의 여정에 착수한다.'고 돼 있다. 그런 와트니에 대해 '엔지니어'가 아니라 '과학자'라고 해야 좀 더 있어 보일 거라고 생각한 모양이다.

사실 와트니가 다른 동료들과 함께 화성에 간 것도 크게 보면 엔지니어들의 도전 정신의 발로다. 물론 엔지니어들이 만들어준 물리적인 우주선이 없었으면 와트니가 화성에 갈 수 없었음은 당연하다. 내가 얘기하고 싶은 것은 물리적 우주선 말고서라도 화성이라는 낯선 곳에 도전하겠다는 실행 자체가 엔지니어적인 본능이라는 것이다. 미지의 세계를 모험하고 그로 인한 고난에 도전하고 이를 극복하는 건 어찌 보면 인간에게 주어진 가장 고귀한 숙명이다. 그러한 인류의 엔지니어적 도전 정신이 없었다면 여태껏 우리는 동굴에 살며 맹수의 위협과 굶주림에 그대로 노출됐을지도 모른다.

그런 점에서 엔지니어는 그리스신화에 나오는 시시포스를 닮았다. 그는 커다란 바위를 산 정상까지 밀어 올리는 벌에 처해졌는데, 막상 꼭대기까지 올려놓으면 바위가 저절로 다시 산 아래로 굴러떨어졌다. 이로 인해 시시포스가 고역을 당한다는 게 일반적인 인식이지만, 나는 다르게 생각한다. 물론 그의 수고가 끝날 희망은 전혀 없지만, 그럼에도 불구하고 그는 지치지 않고 돌을 계속 굴려 올릴 자존심과 용기를 갖고 있기 때문이다. 프랑스의 소설가 알베르 까뮈가 "시시포스는 행복한 사람"이라고 얘기한 데에는 다 그럴 만한 이유가 있었던 것이다.

인생에 있어 희극과 비극의 관계도 다르지 않다. 보통, 사람들은 희극은 행복한 것, 비극은 슬픈 것이라는 선입견을 갖곤 한다. 하지만 그리스 이래로 희극은 사실 절망을 표현하기 위해 존재했다. 희망이 없기 때문에 사람들은 농담을 하고 우스꽝스러운 말을 지껄인다. 달리 말하자면 우리는 우는 것을 피하기 위해 웃는 것이다.

반면 비극은 우리의 정신을 고양시킨다. 비극의 주인공들은 모두 영웅이다. 영웅은 운명에 기죽지 않고 당당히 맞서는 사람들이다. 앞에서도 얘기했듯, 인간은 언젠가는 죽어야 하고 우주의 힘에 종국에는 패배당하겠지만, 운명에 도전하는 과정에서 용기와 지략, 그리고 굳은 결의를 세상에 드러낸다. 비극적 영웅들은 인간이 어디까지 고귀해질 수 있는지를 만천하에 증명하는 존재다. 이는 보통 사람들에게 영감이 되는 바, 인간 정신의 위대함을 목도함에 따라 불안감이 사라지고 마음의 정화, 즉 카타르시스를 느낀다.

그렇기 때문에 엔지니어들이 만들어가는 인류의 드라마는 인생의 가치에 대한 확증인 것이다. 인류의 엔지니어링적 충동은 신으로부터 선사받은 최고의 선물 중의 하나다.

참고문헌

1. 강진원, **빅브라더를 향한 우주전쟁**, 지식과 감성, 2013.

2. 고정우, **수직이착륙기**, 지성사, 2013.

3. 구본권, **로봇 시대, 인간의 일**, 어크로스, 2015.

4. 권오상, **노벨상과 수리공**, 미래의창, 2014.

5. 권오상, **엘론 머스크, 미래를 내 손으로 만들어**, 탐, 2015.

6. 김덕호 외, **근대 엔지니어의 탄생**, 에코리브르, 2013.

7. 김용근, **기술은 예술이다**, 금요일, 2013.

8. 김종하a, **역사 속의 소프트웨어 오류**, 에이콘출판사, 2014.

9. 김종하b, **무기획득 의사결정**, 책이된나무, 2000.

10. 김종하b, **국방획득과 방위산업**, 북코리아, 2015.

11. 김진백, **강한 자가 아니라 적응하는 자가 살아남는다**, 성안당, 2012.

12. 김진영, **제2차 세계대전의 에이스들**, 가람기획, 2005.

13. 노영백 외, **엔지니어, 꿈, 도전 그리고 성공방정식**, 북마크, 2013.

14. 놀란 부쉬넬, 진 스톤 지음, 한상임 옮김, **나는 스티브 잡스를 이렇게 뽑았다**, 미래의창, 2014.

15. 레이 커즈와일 지음, 김명남, 장시형 옮김, **특이점이 온다**, 김영사, 2008.

16. 레인 캐러더스 지음, 박수찬 옮김, **다이슨 스토리**, 미래사, 2011.

17. 류재현, **파낙**, 길벗, 1994.

18. 마쓰오 유타카 지음, 박기원 옮김, **인공지능과 딥러닝**, 동아엠앤비, 2015.

19. 밥 루츠 지음, 홍대운 옮김, **빈 카운터스**, 비즈니스북스, 2012.

20. 배리 파커 지음, 김은영 옮김, **전쟁의 물리학**, 북로드, 2015.

21. 서울대학교 공과대학, **축적의 시간**, 지식노마드, 2015.

22. 아브라함 아단 지음, 김덕현 외 옮김, **수에즈전쟁**, 한원, 1993.

23. 유신, **인공지능은 뇌를 닮아가는가**, 컬처룩, 2014.

24. 유제현, **월남전쟁**, 한원, 1992.

25. 이노우에 히로치카 외 지음, 박정희 옮김, **로봇, 미래를 말하다**, 전자신문사, 2008.

26. 이상길 외, **무기공학**, 청문각, 2012.

27. 이원영, 이상우, 테크홀릭, **드론은 산업의 미래를 어떻게 바꾸는가**, 한스미디어, 2015.

28. 일라 레자 누르바흐시 지음, 유영훈 옮김, **로봇 퓨처**, 레디셋고, 2015.

29. 임창환, **뇌를 바꾼 공학 공학을 바꾼 뇌**, MID, 2015.

30. 제프리 영, 윌리엄 사이먼 지음, 임재서 옮김, **iCon 스티브 잡스**, 민음사, 2005.

31. 전승민, **휴보이즘**, MID, 2014.

32. 정규수, **로켓 꿈을 쏘다**, 갤리온, 2010.

33. 정규수, **ICBM 악마의 유혹**, 지성사, 2012.

34. 제임스 다이슨 지음, 박수찬 옮김, **계속해서 실패하라**, 미래사, 2012.

35. 지승도, **인공지능 붓다를 꿈꾸다**, 운주사, 2015.

36. 최건묵, **헬리콥터의 어제와 오늘**, 어드북스, 2011.

37. 케빈 애슈턴 지음, 이은경 옮김, **창조의 탄생**, 북라이프, 2015.

38. 케빈 켈리 지음, 이충호, 임지원 옮김, **통제 불능: 인간과 기계의 미래 생태계**, 김영사, 2015.

39. 토마스 뷔르케 지음, 유영미 옮김, **개척자와 공상가들**, 웅진주니어, 2009.

40. 토머스 크로웰 지음, 이경아 옮김, **워 사이언티스트**, 플래닛미디어, 2011.

41. 편석준, 최기영, 이정용, **왜 지금 드론인가**, 미래의창, 2015.

42. 피터 싱어 지음, 권영근 옮김, **하이테크 전쟁**, 지안, 2011.

43. 황재연, 정경찬, **퓨쳐 웨폰**, 군사연구, 2008.

44. Barney, Jay and William S. Hesterly, Strategic Management and

Competitive Advantage, 3rd edition, Prentice Hall, 2009.

45. Benade, Arthur H., Fundamentals of Musical Acoustics, Dover, 1990.

46. Besanko, David, et al, Economics of Strategy, 5th edition, Wiley, 2010.

47. Bostrom, Nick, Superintelligence: Paths, Dangers,

Strategies, Oxford University Press, 2014.

48. Cockburn, Andrew, Kill Chain: The Rise of the High-

Tech Assassins, Henry Holt and Co., 2015.

49. Conway, Erik M., Exploration and Engineering: The Jet Propulsion

Laboratory and the Quest for Mars, Johns Hopkins University Press, 2015.

50. Feld, Brad and Jason Mendelson, Venture Deals, 2nd edition, 2012, Wiley.

51. Florman, Samuel C., The Existential Pleasures of

Engineering, 2nd edition, St. Martin's Griffin, 1996.

52. Fortnow, Lance, The Golden Ticket, Princeton University Press, 2013.

53. Hidalgo, Cesar, Why Information Grows: The Evolution of

Order, from Atoms to Economies, Basic Books, 2015.

54. Johnson, Clarence L. Kelly, Maggie Smith, Kelly: More than

my share of it all, Smithsonian Books, 1989.

55. Kemper, Steve, Reinventing the Wheel: A Story of Genius,

Innovation, and Grand Ambition, Harper Business, 2005.

56. Kurzweil, Ray, How to Create a Mind, Penguin Books, 2013.

57. Lerner, Josh, The Architecture of Innovation, Oxford University Press, 2012.

58. Mackenzie, Donald, Inventing Accuracy, MIT Press, 1993.

59. Madhavan, Guru, Applied Minds: How Engineers

   Think, W. W. Norton & Company, 2015.

60. Manning, Rob and William L. Simon, Mars Rover Curiosity: An Inside

   Account from Curiosity's Chief Engineer, Smithsonian Books, 2014.

61. Metrick, Andrew and Ayako Yasuda, Venture Capital and

   the Finance of Innovation, 2nd edition, Wiley, 2011.

62. Morse, Philip M. and K. Uno Ingard, Theoretical Acoustics, McGraw Hill, 1968.

63. Morse, Philip M., Vibration and Sound, Acoustical Society of America, 1981.

64. Nise, Norman S., Control Systems Engineering, 5th edition, Wiley, 2008.

65. O'Hanlon, Michael E., The Science of War, Princeton University Press, 2009.

66. Olson, Harry F., Music, Physics and Engineering, 2nd edition, Dover, 1967.

67. Rich, Ben R. and Leo Janos, Skunk Works: A Personal Memoir

   of My Years at Lockheed, Back Bay Books, 1996.

68. Rothstein, Adam, Drone, Bloomsbury Academic, 2015.

69. Smith, Ron, Military Economics, Palgrave Macmillan, 2011.

70. Thiel, Peter, Zero To One, Crown Business, 2014.

71. Thrun, Sebastian, Wolfram Burgard and Dieter Fox,

   Probabilistic Robotics, MIT Press, 2006.

72. Warwick, Kevin, Artificial Intelligence: The Basics, Routledge, 2011.

73. Weir, Andy, The Martian, Broadway Books, 2014.